SITZUNGSBERICHTE DER SÄCHSISCHEN AKADEMIE DER WISSENSCHAFTEN ZU LEIPZIG

Mathematisch-naturwissenschaftliche Klasse
Band 111 · Heft 3

MARIA HASSE

ZUM BEGRIFF DES ALLGEMEINEN PRODUKTS VON KATEGORIEN

AKADEMIE-VERLAG · BERLIN
1975

Vorgelegt durch Herrn Keller in der Sitzung vom 20. Mai 1974
Manuskript eingeliefert am 17. Oktober 1973
Druckfertig erklärt am 8. Dezember 1974

Erschienen im Akademie-Verlag, 108 Berlin, Leipziger Str. 3—4

Lizenznummer: 202 · 100/550/75
Gesamtherstellung: VEB Druckerei „Thomas Müntzer“,
582 Bad Langensalza
Bestellnummer: 762 133 0 (2027/111/3) · LSV 1025
Printed in GDR
EVP 5,—

Vom Kleinen aufs Große zu schließen, ist ein wichtiges Prinzip in der Mathematik. Hierzu kann man auch die Tatsache rechnen, daß man in gewissen Fällen Eigenschaften faktorisierbarer Strukturen aus Eigenschaften ihrer Faktoren bestimmen kann, wobei sich eine nicht weiter zerlegbare Struktur im Hinblick auf die betrachtete Faktorisierung als eine prime Struktur ansehen läßt. Beispielsweise kann man unter Zugrundelegung des direkten Produkts häufig aus Eigenschaften der Faktoren auf Eigenschaften des Produkts schließen. Neuerdings hat sich für Fragestellungen dieser Art in der Gruppentheorie die Faktorisierungstheorie von RÉDEI und SZEP [10, 11] unter Zugrundelegung des allgemeinen Produkts von B. H. NEUMANN [8, 9] als fruchtbar erwiesen. So hat ALTMANN [1] sich mit Methoden befaßt, die es gestatten, mit Hilfe der die Faktorisierung bestimmenden Gesetze die zugehörigen Automorphismengruppen von faktorisierten auflösbaren Gruppen und von SCHREIERschen Erweiterungen mit teilerfremden Ordnungen mit der Hand oder der Maschine aus den Automorphismengruppen der einzelnen Faktoren zu berechnen, und er hat diese Methoden mit Erfolg bei Strukturuntersuchungen über Gruppen angewandt. Es erscheint uns daher sinnvoll, den Begriff des allgemeinen Produkts und die Grundgedanken der Faktorisierungstheorie von RÉDEI und SZEP auf Kategorien zu übertragen in der Hoffnung, daß sich auch hier im obigen Sinne Untersuchungen „im Großen" auf Untersuchungen „im Kleinen" zurückführen lassen und daß weiterhin zusätzliche Information über den innerstrukturellen Aufbau der Kategorientheorie gewonnen werden kann.

Eine Gruppe G wird das allgemeine Produkt ihrer Untergruppen G_1 und G_2 genannt, wenn $G = G_1G_2$ und $G_1 \cap G_2 = E$ ist. Daraus folgt im Falle von Gruppen, daß dann auch $G = G_2G_1$ ist und daß für jedes $g \in G$ die Darstellung $g = g_1g_2$ mit $g_1 \in G_1$ und $g_2 \in G_2$ eindeutig ist. Jedem $g_1 \in G_1$ ist eine Abbildung g_1^2 von G_2 in G_2 und jedem $g_2 \in G_2$ eine Abbildung g_2^1 von G_1 in G_1 zugeordnet, und es gilt die Beziehung $g_2g_1 = g_2^1g_1 \cdot g_1^2g_2$. Die Abbildungen g_1^2 $(g_1 \in G_1)$ und g_2^1 $(g_2 \in G_2)$ bestimmen zusammen mit den Relationen von G_1 und G_2 die Struktur von G.

Man kann sich umgekehrt die Frage stellen, wann sich zu gegebenen Gruppen G_1 und G_2 eine Gruppe G konstruieren läßt, die zu G_1 und G_2 bzw. isomorphe Untergruppen G_1^* und G_2^* mit $G = G_1^*G_2^*$ und $G_1^* \cap G_2^* = E$

besitzt. In diesem Fall nennt man $G^{\cdot}$ auch das allgemeine Produkt von $G_1^{\cdot}$ und $G_2^{\cdot}$. RÉDEI und SZEP haben gezeigt, daß sich zu gegebenen Gruppen $G_1^{\cdot}$ und $G_2^{\cdot}$ eine solche Gruppe $G^{\cdot}$ konstruieren läßt, wenn sich jedem $g_1 \in G_1$ eine Abbildung g_1^2 von G_2 in G_2 und jedem $g_2 \in G_2$ eine Abbildung g_2^1 von G_1 in G_1 zuordnen läßt und die g_1^2 $(g_1 \in G_1)$ und die g_2^1 $(g_2 \in G_2)$ dabei gewissen Bedingungen genügen. Jedes allgemeine Produkt kann so erhalten werden.

Bevor wir diesen Sachverhalt auf Kategorien übertragen, wollen wir kurz noch einiges zu den im folgenden verwendeten Begriffen und Bezeichnungen sagen.

Eine Kategorie ist nach EHRESMANN [2] erklärt als eine Algebra $C^{\cdot} = (C, \alpha, \beta, \varphi)$ vom Typ $\langle 1, 1, 2 \rangle$ mit den Definitionsbereichen $D(\alpha) = D(\beta) = C$ und $C^{\cdot} * C^{\cdot} := D(\varphi) \subseteq C^2$, für die gilt, wenn wir für $\varphi(f, g)$ kurz fg schreiben[1]):

K I. $\bigwedge_f \bigwedge_g ((f, g) \in C^{\cdot} * C^{\cdot} \Rightarrow \beta(f) = \alpha(g));$

K II. $\bigwedge_f \bigwedge_g ((f, g) \in C^{\cdot} * C^{\cdot} \Rightarrow \alpha(fg) = \alpha(f) \wedge \beta(fg) = \beta(g))$;

K III. $\bigwedge_f (f \in C \Rightarrow (\alpha(f), f) \in C^{\cdot} * C^{\cdot} \wedge (f, \beta(f)) \in C^{\cdot} * C^{\cdot} \wedge \alpha(f) f = f\beta(f) = f);$

K IV. $\bigwedge_f \bigwedge_g \bigwedge_h ((f, g) \in C^{\cdot} * C^{\cdot} \wedge (g, h) \in C^{\cdot} * C^{\cdot} \wedge (fg, h) \in C^{\cdot} * C^{\cdot} \wedge (f, gh) \in C^{\cdot} * C^{\cdot} \Rightarrow (fg) h = f(gh));$

K V. $\bigwedge_f \bigwedge_g (f \in C \wedge g \in C \wedge \beta(f) = \alpha(g) \Rightarrow (f, g) \in C^{\cdot} * C^{\cdot})$.

Die Algebra $(C, \alpha, \beta, \varphi)$ heißt ein multiplikativer Graph [2], wenn sie den Axiomen KI–KIII genügt, und ein assoziativer multiplikativer Graph, wenn auch noch KIV gilt. Ist $(C, \alpha, \beta, \varphi)$ eine Kategorie, so ist die unterliegende Algebra (C, α, β) ein gerichteter Graph.

Gibt es zu einem Element f einer Kategorie $C^{\cdot}$ ein Element f' mit $ff' = \alpha(f)$ und $f'f = \beta(f)$, so heißt f in $C^{\cdot}$ invertierbar. Ist jedes Element einer Kategorie $C^{\cdot}$ invertierbar, so sagt man, daß $C^{\cdot}$ invertierbar sei. Eine invertierbare Kategorie nennt man ein Gruppoid. Eine Kategorie mit einer Einheit ist ein Monoid (Halbgruppe mit Einselement), ein Gruppoid mit einer Einheit eine Gruppe. Die Klasse $\alpha(C) = \beta(C)$ der Einheiten einer Kategorie $C^{\cdot}$ wird mit $C_0^{\cdot}$ angegeben. Bei $C_0^{\cdot} \subseteq C'$ heißt eine Teilkategorie $C'^{\cdot}$ von $C^{\cdot}$ speziell eine Unterkategorie von $C^{\cdot}$ [4]. Eine Kongruenzrelation einer Kategorie $C^{\cdot}$ definieren wir als eine Teilkategorie $R^{\cdot}$ von $C^{\cdot} \times C^{\cdot}$, deren unterliegende Klasse R eine Äquivalenz-

1) Wir schreiben die Produkte von links nach rechts auf.

relation in C ist. Ist $R^{\cdot}$ eine Kongruenzrelation einer Kategorie $C^{\cdot}$, so ist mit $(f, g) \in R$ auch $(\alpha(f), \alpha(g)) \in R$ und $(\beta(f), \beta(g)) \in R$ und bei $(f, g) \in R$, $(f', g') \in R$, $(f, f') \in C^{\cdot} * C^{\cdot}$ und $(g, g') \in C^{\cdot} * C^{\cdot}$ gilt $(ff', gg') \in R$. Ist $R^{\cdot}$ eine Kongruenzrelation einer Kategorie $C^{\cdot}$, so ist die in der üblichen Weise definierte Faktoralgebra $C^{\cdot}/R^{\cdot} := (C/R)^{\cdot}$[1]) stets ein multiplikativer Graph, jedoch i. a. keine Kategorie. Kongruenzrelationen $R^{\cdot}$, für die $C^{\cdot}/R^{\cdot}$ eine Kategorie ist, nennen wir strukturerhaltende Kongruenzrelationen [6]. Einen Funktor von einer Kategorie $C^{\cdot}$ nach einer Kategorie $C'^{\cdot}$ definieren wir als eine Teilkategorie $F^{\cdot}$[2]) von $C^{\cdot} \times C'^{\cdot}$, deren unterliegende Klasse F eine Funktion von C in C' ist. Ist $F^{\cdot}$ ein Funktor von einer Kategorie $C^{\cdot}$ nach einer Kategorie $C'^{\cdot}$, so gilt $F(e) \in C'^{\cdot}_0$ für jedes $e \in C^{\cdot}_0$, und bei $(f, g) \in C^{\cdot} * C^{\cdot}$ ist $(F(f), F(g)) \in C'^{\cdot} * C'^{\cdot}$ und $F(fg) = F(f)\,F(g)$. Die zu einer Kategorie $C^{\cdot}$ duale Kategorie $C^{\cdot\,\mathrm{op}}$ ist definiert als die Algebra $(C^{\mathrm{op}}, \alpha^{\mathrm{op}}, \beta^{\mathrm{op}}, \varphi^{\mathrm{op}})$ mit $C^{\mathrm{op}} = C$, $\alpha^{\mathrm{op}} = \beta$, $\beta^{\mathrm{op}} = \alpha$, $D(\varphi^{\mathrm{op}}) = (D(\varphi))^{-1}$ und $\varphi^{\mathrm{op}}(f, g) = gf$ für jedes $(f, g) \in C^{\cdot\,\mathrm{op}} * C^{\cdot\,\mathrm{op}}$. Ein kontravarianter Funktor von einer Kategorie $C^{\cdot}$ nach einer Kategorie $C'^{\cdot}$ ist ein Funktor von $C^{\cdot}$ nach $C'^{\cdot\,\mathrm{op}}$. Ein Funktor selbst wird in diesem Zusammenhang auch ein kovarianter Funktor genannt.

Wir wollen nun zunächst den Begriff des allgemeinen Produkts für Kategorien erklären und die Struktur eines solchen allgemeinen Produkts untersuchen.

Definition 1: Es sei $C^{\cdot}$ eine Kategorie, und $C^{\cdot}_1$ und $C^{\cdot}_2$ seien zwei Unterkategorien von $C^{\cdot}$ mit $C_1 \cap C_2 = C^{\cdot}_0$. Dann heißt $C^{\cdot}$ das *allgemeine Produkt von* $C^{\cdot}_1$ *und* $C^{\cdot}_2$ — in Zeichen: $C^{\cdot} = C^{\cdot}_1 C^{\cdot}_2$ —, wenn sich jedes Element f von C eindeutig in der Form $f = f_1 f_2$ mit $f_1 \in C_1$ und $f_2 \in C_2$ darstellen läßt.

Definition 2: Es sei $C^{\cdot}$ eine Kategorie. Dann heißt $(\gamma_1, \gamma_2) \in C^C \times C^C$ ein *faktorisierendes Abbildungspaar* von $C^{\cdot}$, wenn die folgenden Bedingungen erfüllt sind:

F I. $\bigwedge\limits_f (f \in C \Rightarrow f = \gamma_1(f)\,\gamma_2(f))$;

F II. $\bigwedge\limits_e (e \in C^{\cdot}_0 \Rightarrow \gamma_1(e) = \gamma_2(e) = e)$;

---

[1]) Genauer bezeichnet dabei C/R die Klasse aller Mengen $(R\langle f\rangle)^* = \{f' \mid f' \in R\langle f\rangle;$ ex. kein $f'' \in R\langle f\rangle : f'' \sqsubset f'\}$ mit $((R\langle f\rangle)^*, (R\langle g\rangle)^*) \in C^{\cdot}/R^{\cdot} * C^{\cdot}/R^{\cdot}$ genau dann, wenn Elemente f', g' mit $f' \in R\langle f\rangle$, $g' \in R\langle g\rangle$, $(f', g') \in C^{\cdot} * C^{\cdot}$ existieren und $(R\langle f\rangle)^*\,(R\langle g\rangle)^* = (R\langle f'g'\rangle)^*$ ist. In Zukunft sind, wenn Klassenzusammenfassungen betrachtet werden, darunter immer die Zusammenfassungen der Mengen gemeint, die aus den stufenkleinsten Elementen dieser Klassen gebildet werden (s. hierzu [7]).

[2]) Einen Funktor von einer Kategorie $C^{\perp}$ nach einer Kategorie $C^{\top}$ geben wir mit $F^{(\perp, \top)}$ an. Bei $\varphi^{\perp} = \varphi^{\cdot}$ und $\varphi^{\top} = \varphi^{\cdot}$ schreiben wir statt $F^{(\cdot,\cdot)}$ kurz $F^{\cdot}$.

F III. $\bigwedge_{f} (f \in C \Rightarrow \gamma_1(\gamma_2(f)) = \gamma_2(\gamma_1(f)) \in C_0^{\cdot})$;

F IV. $\bigwedge_{(f,g)} ((f, g) \in C^{\cdot} * C^{\cdot} \Rightarrow \gamma_1(fg) = \gamma_1(f)\,(\gamma_1(\gamma_2(f)\,\gamma_1((g)) \wedge \gamma_2(fg)$
$= \gamma_2(\gamma_2(f)\,\gamma_1(g))\,\gamma_2(g)$.

Bemerkung 1: Bei $\gamma_1(C) \subseteq$ epi $(C^{\cdot})$ und $\gamma_2(C) \subseteq$ mono $(C^{\cdot})$ entfällt die Forderung F III. Diese folgt dann aus F IV, wenn man $\gamma_1(f\beta(f))$ und $\gamma_2(\alpha(f)\,f)$ betrachtet.

Satz 1: *Ist* (γ_1, γ_2) *ein Paar faktorisierender Abbildungen von einer Kategorie* $C^{\cdot}$, *so gilt:*

a) *Es ist* $\gamma_1\gamma_1 = \gamma_1$ *und* $\gamma_2\gamma_2 = \gamma_2$.

b) *Bei* $(f_1, f) \in C^{\cdot} * C^{\cdot} \cap \gamma_1(C) \times C$ *ist* $\gamma_1(f_1 f) = f_1\gamma_1(f)$ *und* $\gamma_2(f_1 f) = \gamma_2(f)$. *Bei* $(f, f_2) \in C^{\cdot} * C^{\cdot} \cap C \times \gamma_2(C)$ *ist* $\gamma_1(ff_2) = \gamma_1(f)$ *und* $\gamma_2(ff_2) = \gamma_2(f)\,f_2$.

c) *Für jedes* $f \in C$ *und jedes* $g \in C$ *mit* $(\gamma_1(f), \gamma_1(g)) \in C^{\cdot} * C^{\cdot}$ *ist* $\gamma_1(f)\,\gamma_1(g) = \gamma_1(\gamma_1(f)\,g)$; *für jedes* $f \in C$ *und jedes* $g \in C$ *mit* $(\gamma_2(f), \gamma_2(g)) \in C^{\cdot} * C^{\cdot}$ *ist* $\gamma_2(f)\,\gamma_2(g) = \gamma_2(f\gamma_2(g))$.

d) *Ist* $(f_1, g) \in C^{\cdot} * C^{\cdot} \cap \gamma_1(C) \times C$ *und ist* $f_1 g \in \gamma_1(C)$, *so ist* $g \in \gamma_1(C)$; *ist* $(f, g_2) \in C^{\cdot} * C^{\cdot} \cap C \times \gamma_2(C)$ *und ist* $fg_2 \in \gamma_2(C)$, *so ist* $f \in \gamma_2(C)$.

Beweis: Zu a: Für jedes $f \in C$ ist nach F II und F IV

$$\gamma_1(f) = \gamma_1(\alpha(f)\,f) = \gamma_1(\alpha(f))\,\gamma_1\big(\gamma_2(\alpha(f))\,\gamma_1(f)\big) = \gamma_1(\gamma_1(f))$$

und entsprechend

$$\gamma_2(f) = \gamma_2(f\beta(f)) = \gamma_2\big(\gamma_2(f)\,\gamma_1(\beta(f))\big)\,\gamma_2(\beta(f)) = \gamma_2(\gamma_2(f)) .$$

Zu b: Die Aussage ergibt sich unmittelbar aus F IV. Zu c: Die Aussage ergibt sich unmittelbar aus F IV. Zu d: Wegen $f_1 \in \gamma_1(C)$ existiert ein $f \in C$ mit $f_1 = \gamma_1(f)$; wegen $f_1 g \in \gamma_1(C)$ existiert ein $f' \in C$ mit $f_1 g = \gamma_1(f')$. Damit ist unter Beachtung von c:

$$f_1 g = \gamma_1(f)\,\gamma_1(g)\,\gamma_2(g) = \gamma_1(\gamma_1(f)\,g)\,\gamma_2(g) = \gamma_1(f') ,$$

also nach F III und F IV

$$\gamma_2(f_1 g) = \gamma_2(\gamma_1(\gamma_1(f)\,g)\,\gamma_2(g)) =$$
$$\gamma_2\big(\gamma_2(\gamma_1(\gamma_1(f)\,g))\,\gamma_1(\gamma_2(g))\big)\,\gamma_1(\gamma_2(g)) = \gamma_2(g) \in C_0^{\cdot} .$$

Die zweite Aussage wird entsprechend bewiesen.

Satz 2: *Genau dann ist eine Kategorie* $C^{\cdot}$ *das allgemeine Produkt ihrer Unterkategorien* $C_1^{\cdot}$ *und* $C_2^{\cdot}$, *wenn ein faktorisierendes Abbildungspaar* (γ_1, γ_2) *von* $C^{\cdot}$ *mit* $\gamma_1(C) = C_1$ *und* $\gamma_2(C) = C_2$ *existiert.*

Beweis: Sei $C^{\cdot}$ das allgemeine Produkt der Unterkategorien $C_1^{\cdot}$ und $C_2^{\cdot}$. Dann läßt sich jedes Element f von C eindeutig darstellen in der Gestalt $f = f_1 f_2$ mit $f_1 \in C_1$ und $f_2 \in C_2$. Bei $f \in C$ setzen wir nun $\gamma_1(f) = f_1$ und

$\gamma_2(f) = f_2$; dann ist $\gamma_1(C) = C_1$ und $\gamma_2(C) = C_2$. Wegen $f = \gamma_1(f)\,\gamma_2(f)$ für jedes $f \in C$ ist F I erfüllt. Da für jedes $e \in C^{\cdot}_0$ die einzige Darstellung der verlangten Art $e = ee$ ist, so ist $\gamma_1(e) = \gamma_2(e) = e$, also ist F II erfüllt. Bei $f = \gamma_1(f)\,\gamma_2(f)$ mit $f \in C$ sind $\gamma_1(f) = \gamma_1(f)\,\beta(\gamma_1(f))$ und $\gamma_2(f) = \alpha(\gamma_2(f))\gamma_2(f)$ die einzigen Darstellungen im obigen Sinn, also ist $\gamma_2(\gamma_1(f)) = \beta(\gamma_1(f)) = \alpha(\gamma_2(f)) = \gamma_1(\gamma_2(f))$, und somit ist F III erfüllt. Weiter ist für jedes $(f, g) \in C^{\cdot} * C^{\cdot}$ $fg = \gamma_1(f)\ \gamma_2(f)\ \gamma_1(g)\ \gamma_2(g) = \gamma_1(f)\ \gamma_1(\gamma_2(f)\ \gamma_1(g))\ \gamma_2(\gamma_2(f)\ \gamma_1(g))\ \gamma_2(g)$ und da $C^{\cdot}_1$ und $C^{\cdot}_2$ Teilkategorien von $C^{\cdot}$ sind, so ist das Produkt der beiden ersten Faktoren in C_1, das der beiden letzten Faktoren in C_2 gelegen. Wegen der Eindeutigkeit der Darstellung von fg als Produkt aus einem Element von C_1 und einem Element von C_2 ist $\gamma_1(fg) = \gamma_1(f)\,\gamma_1(\gamma_2(f)\,\gamma_1(g))$ und $\gamma_2(fg) = \gamma_2(\gamma_2(f)\,\gamma_1(g))\,\gamma_2(g)$, und damit gilt F IV.

Nun sei umgekehrt (γ_1, γ_2) ein faktorisierendes Abbildungspaar von einer Kategorie $C^{\cdot}$. Nach F II ist $C^{\cdot}_0 \subseteq \gamma_1(C)$ und $C^{\cdot}_0 \subseteq \gamma_2(C)$. Bei $(f_1, f'_1) \in C^{\cdot} * C^{\cdot} \cap \gamma_1(C) \times \gamma_1(C)$ folgt mit $f_1 = \gamma_1(f)$, $f'_1 = \gamma_1(f')$ nach Satz 1c

$$f_1 f'_1 = \gamma_1(f)\,\gamma_1(f') = \gamma_1(\gamma_1(f)\,f') \in \gamma_1(C)\,.$$

Bei $(f_2, f'_2) \in C^{\cdot} * C^{\cdot} \cap \gamma_2(C) \times \gamma_2(C)$ folgt mit $f_2 = \gamma_2(f)$, $f'_2 = \gamma_2(f')$ nach Satz 1c

$$f_2 f'_2 = \gamma_2(f)\,\gamma_2(f') = \gamma_2(f\gamma_2(f')) \in \gamma_2(C)\,.$$

Somit sind $(\gamma_1(C))^{\cdot}$ und $(\gamma_2(C))^{\cdot}$ Unterkategorien von $C^{\cdot}$. Bei $u \in \gamma_1(C) \cap \gamma_2(C)$ gibt es Elemente f, f' in $C^{\cdot}$ mit $u = \gamma_1(f)$ und $u = \gamma_2(f')$. Daraus folgt nach Satz 1a und F III

$$u = \gamma_1(f) = \gamma_1(\gamma_1(f)) = \gamma_1(\gamma_2(f')) \in C^{\cdot}_0,$$

d. h., es ist $\gamma_1(C) \cap \gamma_2(C) = C^{\cdot}_0$. Für ein $f \in C$ sei $f = \gamma_1(f)\,\gamma_2(f) = f'_1 f'_2$ mit $f'_1 \in \gamma_1(C)$ und $f'_2 \in \gamma_2(C)$. Unter Beachtung von F IV ist

$$\gamma_1(f) = \gamma_1(f'_1 f'_2) = \gamma_1(f'_1)\,\gamma_1(\gamma_2(f'_1)\,\gamma_1(f'_2)) = f'_1$$

und

$$\gamma_2(f) = \gamma_2(f'_1 f'_2) = \gamma_2(\gamma_2(f'_1)\,\gamma_1(f'_2))\,\gamma_2(f'_2) = f'_2.$$

Somit ist die Darstellung jedes $f \in C$ als Produkt von einem Element aus $\gamma_1(C)$ und einem Element aus $\gamma_2(C)$ eindeutig.

— Ist $C^{\cdot}$ ein Gruppoid und $f_1 \in \gamma_1(C)$, so ist nach Satz 1d wegen $f_1 f_1^{-1} = \alpha(f_1)$ auch $f_1^{-1} \in \gamma_1(C)$ und mit $f_2 \in \gamma_2(C)$ ist entsprechend wegen $f_2^{-1} f_2 = \beta(f_2)$ auch $f_2^{-1} \in \gamma_2(C)$.

Bemerkung 2: Sind $C^{\cdot}_1$ und $C^{\cdot}_2$ Kategorien und ist $C^{\cdot} = C^{\cdot}_1 \times C^{\cdot}_2$ das direkte Produkt von $C^{\cdot}_1$ und $C^{\cdot}_2$, so genügen die Abbildungen γ_1 und γ_2 aus $(C_1 \times C_2)^{(C_1 \times C_2)}$ mit $\gamma_1(f_1, f_2) = (f_1, \alpha_2(f_2))$, $\gamma_2(f_1, f_2) = (\beta_1(f_1), f_2)$ — statt $\psi((x, y))$ schreiben wir stets kurz $\psi(x, y)$ — für jedes $(f_1, f_2) \in C_1 \times C_2$ den Forderungen eines faktorisierenden Abbildungspaares, und es ist $C^{\cdot}_1 \times C^{\cdot}_2 = (C^{\cdot}_1 \times (C_2)^{\cdot}_0)\,((C_1)^{\cdot}_0 \times C^{\cdot}_2)$.

Aus dem Beweis von Satz 2 ergibt sich unmittelbar:

Satz 3: *Sind* (γ_1, γ_2) *und* (γ_1^*, γ_2^*) *zwei faktorisierende Abbildungspaare von einer Kategorie* $C^\cdot$ *und ist* $\gamma_1(C) = \gamma_1^*(C)$ *und* $\gamma_2(C) = \gamma_2^*(C)$, *so ist* $\gamma_1^* = \gamma_1$ *und* $\gamma_2^* = \gamma_2$.

Satz 4: *Ist das Gruppoid* $C^\cdot$ *das allgemeine Produkt seiner Untergruppoide* $C_1^\cdot$ *und* $C_2^\cdot$ *und ist* (γ_1, γ_2) *das zugehörige faktorisierende Abbildungspaar mit* $\gamma_1(C) = C_1$ *und* $\gamma_2(C) = C_2$, *so gilt*

$$\bigwedge_f (f \in C \Rightarrow (\gamma_1(f))^{-1} = \gamma_1(\gamma_2(f)\,\gamma_1(f^{-1})) \wedge \\ \wedge\, (\gamma_2(f))^{-1} = \gamma_2(\gamma_2(f^{-1})\,\gamma_1(f)))\,.$$

Beweis: Für jedes $f \in C$ ist

$$\begin{aligned} ff^{-1} &= \gamma_1(f)\,\gamma_2(f)\,\gamma_1(f^{-1})\,\gamma_2(f^{-1}) \\ &= \gamma_1(f)\,\gamma_1(\gamma_2(f)\,\gamma_1(f^{-1}))\,\gamma_2(\gamma_2(f)\,\gamma_1(f^{-1}))\,\gamma_2(f^{-1}) \\ &= \alpha(f)\,\alpha(f)\,, \end{aligned}$$

also ist wegen der Eindeutigkeit der Darstellung von ff^{-1}:

$$(\gamma_1(f))^{-1} = \gamma_1(\gamma_2(f)\,\gamma_1(f^{-1}))$$

und

$$(\gamma_2(f^{-1}))^{-1} = \gamma_2(\gamma_2(f)\,\gamma_1(f^{-1}))\,,$$

d. h.

$$(\gamma_2(f))^{-1} = \gamma_2(\gamma_2(f^{-1})\,\gamma_1(f))\,.$$

Satz 5: *Die Kategorie* $C^\cdot$ *sei das allgemeine Produkt ihrer Unterkategorien* $C_1^\cdot$ *und* $C_2^\cdot$ *und* (γ_1, γ_2) *sei das zugehörige Paar faktorisierender Abbildungen von* $C^\cdot$ *mit* $\gamma_1(C) = C_1$ *und* $\gamma_2(C) = C_2$. *Dann ist die Klasse* $(C^\cdot; C_1, C_2) := C_1 \times C_2 \cap C^\cdot * C^\cdot$ *die Trägerklasse einer zu* $C^\cdot$ *isomorphen Kategorie* $(C^\cdot; C_1, C_2)^\wedge$, *wenn man die sie definierenden Operationen* $\alpha^\wedge$, $\beta^\wedge$ *und* $\varphi^\wedge$ *wie folgt festsetzt: Für jedes* $(f_1, f_2) \in (C^\cdot; C_1, C_2)$ *ist* $\alpha^\wedge(f_1, f_2) = (\alpha(f_1), \alpha(f_1))$ *und* $\beta^\wedge(f_1, f_2) = (\beta(f_2), \beta(f_2))$. *Das Produkt* $\varphi^\wedge((f_1, f_2), (g_1, g_2))$ *ist genau dann erklärt, wenn* $\beta(f_2) = \alpha(g_1)$ *ist, und es ist dann, wenn wir für* $\varphi^\wedge((f_1, f_2), (g_1, g_2))$ *kurz* $(f_1, f_2) \wedge (g_1, g_2)$ *setzen,* $(f_1, f_2) \wedge (g_1, g_2) = (f_1\gamma_1(f_2g_1), \gamma_2(f_2g_1)\,g_2)$. — *Ist* $C^\cdot$ *speziell ein Gruppoid, so ist auch* $(C^\cdot; C_1, C_2)^\wedge$ *ein Gruppoid.*

Beweis: Offenbar sind $\alpha^\wedge$ und $\beta^\wedge$ Abbildungen von $(C^\cdot; C_1, C_2)$ in $(C^\cdot; C_1, C_2)$, und $\varphi^\wedge$ ist eine Abbildung von $(C^\cdot; C_1, C_2)^\wedge * (C^\cdot; C_1, C_2)^\wedge$ in $(C^\cdot; C_1, C_2)$; denn nach Satz 1c ist $f_1\gamma_1(f_2g_1) \in C_1$ und $\gamma_2(f_2g_1)\,g_2 \in C_2$, und nach F I ist wegen $f_2g_1 = \gamma_1(f_2g_1)\,\gamma_2(f_2g_1)$ auch $(f_1\gamma_1(f_2g_1), \gamma_2(f_2g_1)\,g_2) \in C^\cdot * C^\cdot$. Für jedes $(f_1, f_2) \in (C^\cdot; C_1, C_2)$ ist

$$(\alpha^\wedge(f_1, f_2), (f_1, f_2)) = ((\alpha(f_1), \alpha(f_1)), (f_1, f_2)) \in (C^\cdot; C_1, C_2)^\wedge * (C^\cdot; C_1, C_2)^\wedge\,,$$

und es ist

$$(\alpha(f_1), \alpha(f_1)) \wedge (f_1, f_2) = \big(\alpha(f_1)\,\gamma_1(\alpha(f_1)\,f_1), \gamma_2(\alpha(f_1)\,f_1)f_2\big) = (f_1, f_2);$$

entsprechend ist $(f_1, f_2) \wedge \beta^\wedge(f_1, f_2)$ definiert und gleich (f_1, f_2). Bei $((f_1, f_2), (g_1, g_2)) \in (C^\cdot; C_1, C_2)^\wedge * (C^\cdot; C_1, C_2)^\wedge$ ist

$$\alpha^\wedge((f_1, f_2) \wedge (g_1, g_2)) = \alpha^\wedge(f_1\gamma_1(f_2g_1), \gamma_2(f_2g_1)\,g_2)$$
$$= \big(\alpha(f_1\gamma_1(f_2g_1)), \alpha(f_1\gamma_1(f_2g_1))\big) = \alpha^\wedge(f_1, f_2)$$

und

$$\beta^\wedge((f_1, f_2) \wedge (g_1, g_2)) = \beta^\wedge(g_1, g_2)\,.$$

Schließlich ist bei $((f_1, f_2), (g_1, g_2))$, $((g_1, g_2), (h_1, h_2))$, $((f_1, f_2) \wedge (g_1, g_2), (h_1, h_2))$, $((f_1, f_2), (g_1, g_2) \wedge (h_1, h_2)) \in (C^\cdot; C_1, C_2)^\wedge * (C^\cdot; C_1, C_2)^\wedge$ das Assoziativgesetz erfüllt: Es ist

$$((f_1, f_2) \wedge (g_1, g_2)) \wedge (h_1, h_2) = (f_1\gamma_1(f_2g_1), \gamma_2(f_2g_1)\,g_2) \wedge (h_1, h_2)$$
$$= \big(f_1\gamma_1(f_2g_1)\,\gamma_1(\gamma_2(f_2g_1)\,g_2h_1), \gamma_2(\gamma_2(f_2g_1)\,g_2h_1)h_2\big)$$

und

$$(f_1, f_2) \wedge ((g_1, g_2) \wedge (h_1, h_2)) = (f_1, f_2) \wedge (g_1\gamma_1(g_2h_1), \gamma_2(g_2h_1)\,h_2)$$
$$= \big(f_1\gamma_1(f_2g_1\gamma_1(g_2h_1)), \gamma_2(f_2g_1\gamma_1(g_2h_1))\,\gamma_2(g_2h_1)\,h_2\big)\,,$$

und unter Beachtung von F II, F III und F IV sind beide Produkte einander gleich. — Für jedes $(f_1, f_2) \in (C^\cdot; C_1, C_2)$ ist $(f_1, f_2)^{-1} = (\gamma_1(f^{-1}), \gamma_2(f^{-1}))$ mit $f = f_1f_2$. Zunächst ist für jedes $f \in C$ das Element $f^{-1} = f_2^{-1}f_1^{-1} = \gamma_1(f^{-1})\,\gamma_2(f^{-1})$, also ist $\alpha(\gamma_1(f^{-1})) = \beta(f_2)$ und $\beta(\gamma_2(f^{-1})) = \alpha(f_1)$, d. h. die Produkte $(f_1, f_2) \wedge (\gamma_1(f^{-1}), \gamma_2(f^{-1}))$ und $(\gamma_1(f^{-1}), \gamma_2(f^{-1})) \wedge (f_1, f_2)$ sind erklärt. Für jedes $(f_1, f_2) \in (C^\cdot; C_1, C_2)$ ist unter Beachtung von Satz 4 weiter

$$(f_1, f_2) \wedge (\gamma_1(f^{-1}), \gamma_2(f^{-1})) = \big(f_1\gamma_1(f_2\gamma_1(f^{-1})), \gamma_2(f_2\gamma_1(f^{-1}))\,\gamma_2(f^{-1})\big)$$
$$= (\alpha(f_1), \alpha(f_1)) = \alpha^\wedge(f_1, f_2)$$

und

$$\gamma_1(f^{-1}), \gamma_2(f^{-1})) \wedge (f_1, f_2) = \big(\gamma_1(f^{-1})\,\gamma_1(\gamma_2(f^{-1})\,f_1), \gamma_2(\gamma_2(f^{-1})\,f_1)\,f_2\big)$$
$$= (\beta(f_2), \beta(f_2)) = \beta^\wedge(f_1, f_2)\,.$$

— Durch $F(f) = (\gamma_1(f), \gamma_2(f))$ für jedes $f \in C$ ist eine Abbildung F von C in $(C^\cdot; C_1, C_2)$ erklärt, die wegen $\gamma_1(f)\,\gamma_2(f) = f$ eineindeutig und wegen $(\gamma_1(f_1f_2), \gamma_2(f_1f_2)) = (f_1, f_2)$ für jedes $(f_1, f_2) \in (C^\cdot; C_1, C_2)$ eine Abbildung von C auf $(C^\cdot; C_1, C_2)$ ist. Für jedes $e \in C_0^\cdot$ ist $F(e) = (\gamma_1(e), \gamma_2(e)) = (e, e)$

$\in (C^{\cdot}; C_1, C_2)_0^{\wedge}$, und bei $(f, g) \in C^{\cdot} * C^{\cdot}$ ist

$$\begin{aligned} F(fg) &= (\gamma_1(fg), \gamma_2(fg)) \\ &= \big(\gamma_1(f)\,\gamma_1(\gamma_2(f)\,\gamma_1(g)), \gamma_2(\gamma_2(f)\,\gamma_1(g))\,\gamma_2(g)\big) \\ &= (\gamma_1(f), \gamma_2(f)) \wedge (\gamma_1(g), \gamma_2(g)) = F(f) \wedge F(g)\,. \end{aligned}$$

Demnach definiert die Abbildung F von C in $(C^{\cdot}; C_1, C_2)$ einen Isomorphismus $F^{(\cdot,\cdot)\wedge}$ von $C^{\cdot}$ nach $(C^{\cdot}; C_1, C_2)^{\wedge}$.

Satz 6: *Es seien $C^{\cdot} = C_1^{\cdot}C_2^{\cdot}$ und $D^{\cdot} = D_1^{\cdot}D_2^{\cdot}$ zwei Kategorien und $F^{\cdot}$ ein Funktor von $C^{\cdot}$ nach $D^{\cdot}$. Dann ist $F^{\cdot}$ das allgemeine Produkt der Funktoren $F_1^{\cdot}$ und $F_2^{\cdot}$, wo $F_1^{\cdot}$ die Beschränkung von $F^{\cdot}$ auf $C_1^{\cdot}$ und $F_2^{\cdot}$ die Beschränkung von $F^{\cdot}$ auf $C_2^{\cdot}$ ist.*

Beweis: Für jedes $f \in C$ ist $F(f) = F(\gamma_1(f)\,\gamma_2(f)) = F_1(\gamma_1(f))\,F_2(\gamma_2(f))$, wenn (γ_1, γ_2) das zu $C^{\cdot} = C_1^{\cdot}C_2^{\cdot}$ gehörige faktorisierende Abbildungspaar mit $\gamma_1(C) = C_1$ und $\gamma_2(C) = C_2$ ist. Das allgemeine Element von F sei mit $\varphi = (f, F(f))$ $(f \in C)$ bezeichnet. Dann sind durch $\gamma_1^*(\varphi) = (\gamma_1(f), F_1(\gamma_1(f)))$ und $\gamma_2^*(\varphi) = (\gamma_2(f), F_2(\gamma_2(f)))$ für jedes $\varphi \in F$ zwei Abbildungen γ_1^* und γ_2^* von F in F definiert. Wir zeigen, daß (γ_1^*, γ_2^*) ein faktorisierendes Abbildungspaar von $F^{\cdot}$ ist. Zunächst gilt F I, da nach oben für jedes $\varphi \in F$ die Beziehung $\varphi = \gamma_1^*(\varphi)\,\gamma_2^*(\varphi)$ gilt. Sei $\varepsilon = (e, F(e)) \in F_0^{\cdot}$. Dann ist

$$\begin{aligned} \varepsilon &= \gamma_1^*(\varepsilon)\,\gamma_2^*(\varepsilon) \\ &= \big(\gamma_1(e), F_1(\gamma_1(e))\big)\,\big(\gamma_2(e), F_2(\gamma_2(e))\big) \\ &= (e, F(e))\,(e, F(e)) = \varepsilon\varepsilon\,, \end{aligned}$$

d. h. es gilt $\gamma_1^*(\varepsilon) = \gamma_2^*(\varepsilon) = \varepsilon$ für jedes $\varepsilon \in F_0^{\cdot}$, also gilt F II. Für jedes $\varphi \in F$ ist

$$\begin{aligned} \gamma_1^*(\gamma_2^*(\varphi)) &= \gamma_1^*(\gamma_2(f), F_2(\gamma_2(f))) \\ = \gamma_1^*(\gamma_2(f), F(\gamma_2(f))) &= \big(\gamma_1(\gamma_2(f)), F(\gamma_1(\gamma_2(f)))\big) \\ = \big(\gamma_2(\gamma_1(f)), F(\gamma_2(\gamma_1(f)))\big) &= \big(\gamma_2(\gamma_1(f)), F_2(\gamma_2(\gamma_1(f)))\big) \\ = \gamma_2^*(\gamma_1(f), F(\gamma_1(f))) &= \gamma_2^*(\gamma_1(f), F_1(\gamma_1(f))) \\ &= \gamma_2^*(\gamma_1^*(f)) \in F_0^{\cdot}\;; \end{aligned}$$

somit ist F III erfüllt. Sei $\varphi = (f, F(f))$, $\psi = (g, F(g))$ und $(f, g) \in C^{\cdot} * C^{\cdot}$. Dann ist $(\varphi, \psi) \in F^{\cdot} * F^{\cdot}$, und es gilt

$$\begin{aligned} \gamma_1^*(\varphi\psi) &= \gamma_1^*((f, F(f))\,(g, F(g))) \\ &= \gamma_*^1(fg, F(fg)) = (\gamma_1(fg), F_1(\gamma_1(fg))) \\ &= \big(\gamma_1(f)\,\gamma_1(\gamma_2(f)\,\gamma_1(g)), F_1(\gamma_1(f)\,\gamma_1(\gamma_2(f)\,\gamma_1(g)))\big) \\ &= \big(\gamma_1(f), F_1(\gamma_1(f))\big)\,\big(\gamma_1(\gamma_2(f)\,\gamma_1(g)), F_1(\gamma_1(\gamma_2(f)\,\gamma_1(g)))\big) \\ &= \gamma_1^*(\varphi)\,\gamma_1^*\big((\gamma_2(f), F_2(\gamma_2(f)))\,(\gamma_1(g), F_1(\gamma_1(g)))\big) \\ &= \gamma_1^*(\varphi)\,\gamma_1^*(\gamma_2^*(\varphi)\,\gamma_1^*(\psi))\,. \end{aligned}$$

Entsprechend ergibt sich

$$\gamma_2^*(\varphi\psi) = \gamma_2^*(\gamma_2^*(\varphi)\,\gamma_1^*(\psi))\,\gamma_2^*(\psi)\,.$$

Also ist auch F IV erfüllt.

Satz 7: *Es sei* $C^\cdot = C_1^\cdot C_2^\cdot$ *eine Kategorie und* (γ_1, γ_2) *das zugehörige Paar faktorisierender Abbildungen mit* $\gamma_1(C) = C_1$ *und* $\gamma_2(C) = C_2$. $K^\cdot$ *sei eine Kongruenzrelation von* $C^\cdot$, *für die gilt*

$$\bigwedge_f \bigwedge_g \big((f, g) \in K \Rightarrow (\gamma_1(f), \gamma_1(g)) \in K \wedge (\gamma_2(f), \gamma_2(g)) \in K\big)\,.$$

Dann ist $K^\cdot$ *das allgemeine Produkt der Kongruenzrelationen* $K_1^\cdot$ *und* $K_2^\cdot$, *wo* $K_1^\cdot$ *die durch* $K^\cdot$ *in* $C_1^\cdot$ *induzierte Kongruenzrelation und* $K_2^\cdot$ *die durch* $K^\cdot$ *in* $C_2^\cdot$ *induzierte Kongruenzrelation ist.*

Beweis: Bei $\xi = (f, g) \in K$ gilt

$$\xi = (\gamma_1(f), \gamma_1(g))\,(\gamma_2(f), \gamma_2(g))\,.$$

Durch $\bar\gamma_1(\xi) = (\gamma_1(f), \gamma_1(g))$ und $\bar\gamma_2(\xi) = (\gamma_2(f), \gamma_2(g))$ für jedes $\xi \in K$ sind zwei Abbildungen $\bar\gamma_1$ und $\bar\gamma_2$ von K in K definiert. Wir zeigen, daß $(\bar\gamma_1, \bar\gamma_2)$ ein Paar faktorisierender Abbildungen von $K^\cdot$ ist. Wegen $\xi = \bar\gamma_1(\xi)\,\bar\gamma_2(\xi)$ für jedes $\xi \in K$ ist F I erfüllt. Sei $\varepsilon = (e, e') \in K_0^\cdot$. Dann ist

$$\varepsilon = \bar\gamma_1(\varepsilon)\,\bar\gamma_2(\varepsilon) = (\gamma_1(e), \gamma_1(e'))\,(\gamma_2(e), \gamma_2(e')) = (e, e')\,(e, e')\,,$$

d.h., es ist für jedes $\varepsilon \in K_0^\cdot$ $\bar\gamma_1(\varepsilon) = \bar\gamma_2(\varepsilon) \in K_0^\cdot$; also gilt F II. Für jedes $\xi \in K$ ist

$$\begin{aligned}\bar\gamma_1(\bar\gamma_2(\xi)) &= \bar\gamma_1\big((\gamma_2(f), \gamma_2(g))\big)\\ &= \big(\gamma_1(\gamma_2(f)), \gamma_1(\gamma_2(g))\big) = \big(\gamma_2(\gamma_1(f)), \gamma_2(\gamma_1(g))\big)\\ &= \bar\gamma_2\big((\gamma_1(f), \gamma_1(g))\big) = \bar\gamma_2(\bar\gamma_1(\xi)) \in K_0^\cdot\,,\end{aligned}$$

und damit gilt F III. Sei $\xi = (f, g)$, $\eta = (h, k)$ und $(f, h) \in C^\cdot * C^\cdot$, $(g, k) \in C^\cdot * C^\cdot$. Dann ist, da $K^\cdot$ eine Kongruenzrelation von $C^\cdot$ ist, auch $(fh, gk) \in K$. Dabei gilt

$$\begin{aligned}\bar\gamma_1(\xi\eta) &= \bar\gamma_1((fh, gk)) = \big(\gamma_1(fh), \gamma_1(gk)\big)\\ &= \big(\gamma_1(f)\,\gamma_1(\gamma_2(f)\,\gamma_1(h)), \gamma_1(g)\,\gamma_1(\gamma_2(g)\,\gamma_1(k))\big)\\ &= (\gamma_1(f), \gamma_1(g))\,\big(\gamma_1(\gamma_2(f)\,\gamma_1(h)), \gamma_1(\gamma_2(g)\,\gamma_1(k))\big)\\ &= \bar\gamma_1(\xi)\,\bar\gamma_1\big((\gamma_2(f), \gamma_2(g))\,(\gamma_1(h), \gamma_1(k))\big)\\ &= \bar\gamma_1(\xi)\,\bar\gamma_1(\bar\gamma_2(\xi)\,\bar\gamma_1(\eta))\,.\end{aligned}$$

Entsprechend gilt

$$\bar\gamma_2(\xi\eta) = \bar\gamma_2(\bar\gamma_2(\xi)\,\bar\gamma_1(\eta))\,\bar\gamma_2(\eta)\,,$$

und somit gilt auch F IV.

Satz 8: *Es sei* $C^{\cdot} = C_1^{\cdot} C_2^{\cdot}$ *eine Kategorie und* (γ_1, γ_2) *das zugehörige Paar faktorisierender Abbildungen mit* $\gamma_1(C) = C_1$ *und* $\gamma_2(C) = C_2$. *Dann ist für jedes* $f_1 \in C_1$ *eine Abbildung* f_1^2 *von* $C_2\alpha_1(f_1)$ *in* $C_2\beta_1(f_1)$ *und für jedes* $f_2 \in C_2$ *eine Abbildung* f_2^1 *von* $\beta_2(f_2)\, C_1$ *in* $\alpha_2(f_2)\, C_1$ *bestimmt, und diese Abbildungen genügen den folgenden Bedingungen, wenn* α_1, β_1 *und* α_2, β_2 *die Beschränkungen von* α *und* β *auf bzw.* C_1 *und* C_2 *angeben:*

1. $\bigwedge\limits_{f_1}\bigwedge\limits_{f_2} (f_1 \in C_1 \wedge f_2 \in C_2 \Rightarrow$

$\Rightarrow (\alpha_1(f_1))^1 f_1 = f_1 \wedge (\beta_2(f_2))^2 f_2 = f_2)$;

2. $\bigwedge\limits_{f_1}\bigwedge\limits_{f_2} (f_1 \in C_1 \wedge f_2 \in C_2 \Rightarrow$

$\Rightarrow f_1^2(\alpha_1(f_1)) = \beta_1(f_1) \wedge f_2^1(\beta_2(f_2)) = \alpha_2(f_2))$;

3. $\bigwedge\limits_{(g_1,h_1)} \bigwedge\limits_{(f_2,g_2)} ((g_1, h_1) \in C_1^{\cdot} * C_1^{\cdot} \wedge (f_2, g_2) \in C_2^{\cdot} * C_2^{\cdot}$

$\wedge f_2 g_2 \in D((g_1 h_1)^2) \wedge g_1 h_1 \in D((f_2 g_2)^1) \Rightarrow$

$\Rightarrow (g_1 h_1)^2 (f_2 g_2) = ((g_1^2 g_2)^1 h_1)^2 ((g_2^1 g_1)^2 f_2) \cdot h_1^2(g_1^2 g_2)$

$\wedge (f_2 g_2)^1 (g_1 h_1) = f_2^1(g_2^1 g_1) \cdot ((g_2^1 g_1)^2 f_2)^1 ((g_1^2 g_2)^1 h_1)^1)$.

Bei $(f_2, g_1) \in C^{\cdot} * C^{\cdot}$ *ist auch* $(f_2^1 g_1, g_1^2 f_2) \in C^{\cdot} * C^{\cdot}$, *und es gilt*

$$f_2 g_1 = f_2^1 g_1\, g_1^2 f_2 \,. \tag{1}$$

Beweis: Für jedes $f_1 \in C_1$ sei f_1^2 erklärt durch $f_1^2 g_2 = \gamma_2(g_2 f_1)$ für jedes $g_2 \in C_2\alpha_1(f_1)$, und für jedes $f_2 \in C_2$ sei f_2^1 erklärt durch $f_2^1 g_1 = \gamma_1(f_2 g_1)$ für jedes $g_1 \in \beta_2(f_2)\, C_1$. Nach Definition ist dann für jedes $f_1 \in C_1$

$$(\alpha_1(f_1))^1 f_1 = \gamma_1(f_1) = f_1$$

und für jedes $f_2 \in C_2$ ist

$$(\beta_2(f_2))^2 f_2 = \gamma_2(f_2) = f_2 \,.$$

Weiter ist für jedes $f_1 \in C_1$

$$f_1^2(\alpha_1(f_1)) = \gamma_2(f_1) = \beta_1(f_1)$$

und für jedes $f_2 \in C_2$

$$f_2^1(\beta_2(f_2)) = \gamma_1(f_2) = \alpha_2(f_2) \,.$$

Bei $(g_1, h_1) \in C_1^{\cdot} * C_1^{\cdot}$ ist

$$\begin{aligned} (g_1 h_1)^2 f_2 &= \gamma_2(f_2(g_1 h_1)) = \gamma_2((f_2 g_1)\, h_1) \\ &= \gamma_2(\gamma_2(f_2 g_1)\, \gamma_1(h_1))\, \gamma_2(h_1) = \gamma_2(\gamma_2(f_2 g_1)\, h_1) = h_1^2(g_1^2 f_2) \end{aligned}$$

[1]) Der größeren Übersichtlichkeit wegen geben wir von jetzt an die multiplikative Verknüpfung des öfteren durch einen Punkt an.

und bei $(f_2, g_2) \in C^{\cdot}_2 * C^{\cdot}_2$ ist

$$(f_2 g_2)^1 h_1 = \gamma_1((f_2 g_2) h_1) = \gamma_1(f_2(g_2 h_1))$$
$$= \gamma_1(f_2)\, \gamma_1(\gamma_2(f_2)\, \gamma_1(g_2 h_1)) = \gamma_1(f_2 \gamma_1(g_2 h_1)) = f^1_2(g^1_2 h_1) .$$

Bei $(f_2, g_2) \in C^{\cdot}_2 * C^{\cdot}_2$ ist weiter

$$h^2_1(f_2 g_2) = \gamma_2((f_2 g_2) h_1) = \gamma_2(f_2(g_2 h_1))$$
$$= \gamma_2(\gamma_2(f_2)\, \gamma_1(g_2 h_1))\, \gamma_2(g_2 h_1)$$
$$= \gamma_2(f_2 \cdot g^1_2 h_1)\, \gamma_2(g_2 h_1) = (g^1_2 h_1)^2 f_2 \cdot h^2_1 g_2 ,$$

und bei $(g_1, h_1) \in C^{\cdot}_1 * C^{\cdot}_1$ ist

$$f^1_2(g_1 h_1) = \gamma_1(f_2(g_1 h_1)) = \gamma_1((f_2 g_1) h_1)$$
$$= \gamma_1(f_2 g_1)\, \gamma_1(\gamma_2(f_2 g_1)\, \gamma_1(h_1)) = f^1_2 g_1 \cdot (g^2_1 f_2)^1 h_1 .$$

Damit sind 1, 2 und 3 bewiesen. Schließlich ist für jedes $g_1 \in C_1$ und jedes $f_2 \in C_2$ mit $(f_2, g_1) \in C^{\cdot} * C^{\cdot}$

$$f^1_2 g_1 = \gamma_1(f_2 g_1) \quad \text{und} \quad g^2_1 f_2 = \gamma_2(f_2 g_1) ,$$

also ist $(f^1_2 g_1, g^2_1 f_2) \in C^{\cdot} * C^{\cdot}$, und es gilt (1).

Als Umkehrung dieses Sachverhaltes beweisen wir:

Satz 9: *Es seien $C^{\cdot}_1$ und $C^{\cdot}_2$ zwei Kategorien mit $(C_1)^{\cdot}_0 = (C_2)^{\cdot}_0$. Jedem $f_1 \in C_1$ sei eine Abbildung f^2_1 von $C_2 \alpha_1(f_1)$ in $C_2 \beta_1(f_1)$ zugeordnet und jedem $f_2 \in C_2$ eine Abbildung f^1_2 von $\beta_2(f_2)\, C_1$ in $\alpha_2(f_2)\, C_1$, und es sei für jedes Paar $(f_2, g_1) \in C_2 \times C_1$ mit $\beta_2(f_2) = \alpha_1(g_1)$ das Ziel von $f^1_2 g_1$ gleich der Quelle von $g^2_1 f_2$.*
Dann existiert unter den Bedingungen 1–3 von Satz 8 das allgemeine Produkt $C^{\cdot}$ von $C^{\cdot}_1$ und $C^{\cdot}_2$. Dabei ist $C = \{(f_1, f_2) \in C_1 \times C_2 \mid \beta_1(f_1) = \alpha_2(f_2)\}$ und die $C^{\cdot}$ definierenden Operationen α, β und φ sind wie folgt festgelegt: Für jedes $(f_1, f_2) \in C$ ist $\alpha(f_1, f_2) = (\alpha_1(f_1), \alpha_1(f_1))$ und $\beta(f_1, f_2) = (\beta_2(f_2), \beta_2(f_2))$. Das Produkt $\varphi((f_1, f_2), (g_1, g_2))$ ist genau dann erklärt, wenn $\beta_2(f_2) = \alpha_1(g_1)$ ist, und es ist für jedes $((f_1, f_2), (g_1, g_2)) \in C^{\cdot} * C^{\cdot}$

$$(f_1, f_2)\,(g_1, g_2) = (f_1 \cdot f^1_2 g_1,\ g^2_1 f_2 \cdot g_2) .$$

— Sind $C^{\cdot}_1$ und $C^{\cdot}_2$ speziell Gruppoide, so ist auch $C^{\cdot}$ ein Gruppoid.

Beweis: Offenbar sind α und β Abbildungen von C in C, und φ ist eine Abbildung von $C^{\cdot} * C^{\cdot}$ in C; denn nach Voraussetzung ist $\beta_1(f_1) = \alpha_1(f^1_2 g_1) = \alpha_2(f_2)$, $\beta_2(g^2_1 f_2) = \beta_1(g_1) = \alpha_2(g_2)$ und $\beta_1(f^1_2 g_1) = \alpha_2(g^2_1 f_2)$.

Für jedes $(f_1, f_2) \in C$ ist

$$(\alpha(f_1, f_2), (f_1, f_2)) = ((\alpha_1(f_1), \alpha_1(f_1)), (f_1, f_2)) \in C^{\cdot} * C^{\cdot} ,$$

und es ist unter Beachtung von 1 und 2 (Satz 8)

$$(\alpha_1(f_1), \alpha_1(f_1))\,(f_1, f_2) = \big(\alpha_1(f_1)\,(\alpha_1(f_1))^1 f_1,\ f^2_1(\alpha_1(f_1))\, f_2\big) = (f_1, f_2);$$

entsprechend ist $(f_1, f_2)\ \beta(f_1, f_2)$ definiert und gleich (f_1, f_2). Bei

$((f_1, f_2), (g_1, g_2)) \in C^{\cdot} * C^{\cdot}$ ist

$$\alpha((f_1, f_2)(g_1, g_2)) = \alpha(f_1 \cdot f_2^1 g_1, g_1^2 f_2 \cdot g_2)$$
$$= (\alpha_1(f_1 \cdot f_2^1 g_1), \alpha_1(f_1 \cdot f_2^1 g_1)) = (\alpha_1(f_1), \alpha_1(f_1)) = \alpha(f_1, f_2)$$

und

$$\beta((f_1, f_2)(g_1, g_2)) = \beta(g_1, g_2) .$$

Schließlich ist bei $((f_1, f_2), (g_1, g_2)), ((g_1, g_2), (h_1, h_2)), ((f_1, f_2)(g_1, g_2), (h_1, h_2)), ((f_1, f_2), (g_1, g_2)(h_1, h_2)) \in C^{\cdot} * C^{\cdot}$ das Assoziativgesetz erfüllt, wie man unter Beachtung von 3 (Satz 8) leicht nachrechnet.

Für jedes $(f_1, f_2) \in C$ ist

$$(f_1, f_2)^{-1} = ((f_2^{-1})^1 (f_1^{-1}), (f_1^{-1})^2 (f_2^{-1})) .$$

Nach Definition sind die Produkte $(f_1, f_2)(f_1, f_2)^{-1}$ und $(f_1, f_2)^{-1}(f_1, f_2)$ definiert, und es gilt für jedes $(f_1, f_2) \in C$

$$(f_1, f_2)(f_1, f_2)^{-1} = (f_1, f_2)((f_2^{-1})^1 (f_1^{-1}), (f_1^{-1})^2 (f_2^{-1}))$$
$$= (f_1 \cdot f_2^1((f_2^{-1})^1 (f_1^{-1})), ((f_2^{-1})^1 (f_1^{-1}))^2 f_2 \cdot (f_1^{-1})^2 (f_2^{-1}))$$
$$= (f_1 \cdot (\alpha_2(f_2))^1 (f_1^{-1}), (f_1^{-1})^2 (\alpha_2(f_2)))$$
$$= (\alpha_1(f_1), \alpha_1(f_1)) = \alpha(f_1, f_2) ,$$

und entsprechend ist

$$(f_1, f_2)^{-1}(f_1, f_2) = \beta(f_1, f_2) .$$

Sei $C_1^* = \{f_1^* := (f_1, \beta_1(f_1)) \in C | f_1 \in C_1\}$ und $C_2^* = \{f_2^* := (\alpha_2(f_2), f_2) \in C | f_2 \in C_2\}$. Diese Klassen definieren bzw. zu $C_1^{\cdot}$ und $C_2^{\cdot}$ isomorphe Unterkategorien $C_1^{*\cdot}$ und $C_2^{*\cdot}$ von $C^{\cdot}$. Für jedes $(f_1, \beta_1(f_1)) \in C_1^*$ ist

$$\alpha(f_1, \beta_1(f_1)) = (\alpha_1(f_1), \alpha_1(f_1)) \in C_1^* .$$

und

$$\beta(f_1, \beta_1(f_1)) = (\beta_1(f_1), \beta_1(f_1)) \in C_1^* ,$$

und bei $(f_1, g_1) \in C_1^{\cdot} * C_1^{\cdot}$ ist

$$f_1^* g_1^* = (f_1, \beta_1(f_1))(g_1, \beta_1(g_1))$$
$$= \big(f_1 \cdot (\beta_1(f_1))^1 g_1, g_1^2(\beta_1(f_1)) \cdot \beta_1(g_1)\big) = (f_1 g_1, \beta_1(f_1 g_1)) = (f_1 g_1)^* \in C_1^* ,$$

und die Zuordnung $f_1 \to f_1^*$ ist offensichtlich eineindeutig. Entsprechend ist mit $(\alpha_2(f_2), f_2) \in C_2^*$ auch $\alpha((\alpha_2(f_2), f_2)) \in C_2^*$ und $\beta(\alpha_2(f_2), f_2) \in C_2^*$, und bei $(f_2, g_2) \in C_2^{\cdot} * C_2^{\cdot}$ ist

$$f_2^* g_2^* = (\alpha_2(f_2), f_2)(\alpha_2(g_2), g_2) = (f_2 g_2)^* \in C_2^* ,$$

und die Zuordnung $f_2 \to f_2^*$ ist offensichtlich eineindeutig.

Für jedes $(f_1, f_2) \in C$ ist

$$f_1^* f_2^* = (f_1, \beta_1(f_1))(\alpha_2(f_2), f_2)$$
$$= (f_1 \cdot (\beta_1(f_1))^1 (\alpha_2(f_2)), (\alpha_2(f_2))^2 (\beta_1(f_1)) \cdot f_2)$$
$$= \big(f_1 \cdot (\alpha_1(\beta_1(f_1)))^1 (\beta_1(f_1)), (\beta_2(\alpha_2(f_2)))^2 (\alpha_2(f_2)) \cdot f_2\big) = (f_1, f_2)$$

die einzige Darstellung von (f_1, f_2) als Produkt von einem Element aus C_1^* und einem Element aus C_2^*. Danach ist $C^\cdot = C_1^{*\cdot} C_2^{*\cdot}$; weiter ist offensichtlich $C_1^* \cap C_2^* = C_0^\cdot$.

Bemerkung 3: Man beachte, daß sämliche in Satz 9 gestellten Forderungen für jedes allgemeine Produkt von Kategorien erfüllt sind. Demnach kann jedes allgemeine Produkt von Kategorien so, wie in Satz 9 angegeben ist, erhalten werden.

Satz 10: *Es sei $C^\cdot = C_1^\cdot C_2^\cdot$ eine Kategorie. Die Klassen $\Pi_{12} = \{f_1^2 | f_1 \in C_1\}$ und $\Pi_{21} = \{f_2^1 | f_2 \in C_2\}$ definieren bzw. Kategorien $\Pi_{12}^\cdot$ und $\Pi_{21}^\cdot$, wenn man die sie definierenden Operationen wie folgt festsetzt: Für jedes $f_1^2 \in \Pi_{12}$ ist $\alpha_{12}(f_1^2) = (\alpha_1(f_1))^2$ und $\beta_{12}(f_1^2) = (\beta_1(f_1))^2$. Es ist $(f_1^2, g_1^2) \in \Pi_{12}^\cdot * \Pi_{12}^\cdot$ genau dann, wenn $(f_1, g_1) \in C_1^\cdot * C_1^\cdot$ ist, und es ist dann $f_1^2 g_1^2 = (f_1 g_1)^2$. Für jedes $f_2^1 \in \Pi_{21}$ ist $\alpha_{21}(f_2^1) = (\beta_2(f_2))^1$ und $\beta_{21}(f_2^1) = (\alpha_2(f_2))^1$. Es ist $(f_2^1, g_2^1) \in \Pi_{21}^\cdot * \Pi_{21}^\cdot$ genau dann, wenn $(g_2, f_2) \in C_2^\cdot * C_2^\cdot$ ist, und es ist $f_2^1 g_2^1 = (g_2 f_2)^1$. Durch $F_{12}(f_1) = f_1^2$ und $F_{21}(f_2) = f_2^1$ sind bzw. Abbildungen F_{12} von C_1 in Π_{12} und F_{21} von C_2 in Π_{21} erklärt; F_{12} definiert einen Funktor $F_{12}^\cdot$ von $C_1^\cdot$ nach $\Pi_{12}^\cdot$ und F_{21} einen Funktor $F_{21}^\cdot$ von $C_2^\cdot$ nach $\Pi_{21}^{\cdot\, op}$.*

Beweis: Wir führen den Beweis für $\Pi_{12}^\cdot$. Offenbar sind α_{12} und β_{12} Abbildungen von Π_{12} in Π_{12}, und φ_{12} ist eine Abbildung von $\Pi_{12}^\cdot * \Pi_{12}^\cdot$ in Π_{12}. Für jedes $f_1^2 \in \Pi_{12}$ ist $(\alpha_{12}(f_1^2), f_1^2) \in \Pi_{12}^\cdot * \Pi_{12}^\cdot$ und $(f_1^2, \beta_{12}(f_1^2)) \in \Pi_{12}^\cdot * \Pi_{12}^\cdot$, und es ist $\alpha_{12}(f_1^2) f_1^2 = f_1^2 = f_1^2 \beta_{12}(f_1^2)$. Weiter ist bei $(f_1^\cdot, g_1^2) \in C_1^\cdot * C_1^\cdot$ offensichtlich

$$\alpha_{12}(f_1^2 g_1^2) = \alpha_{12}((f_1 g_1)^2) = (\alpha(f_1 g_1))^2 = (\alpha(f_1))^2 = \alpha_{12}(f_1^2)$$

und entsprechend

$$\beta_{12}(f_1^2 g_1^2) = \beta_{12}(g_1^2)\,.$$

Das Assoziativgesetz ist für $\Pi_{12}^\cdot$ erfüllt, da es für $C_1^\cdot$ gilt.

Für jedes $e_1 \in (C_1)_0^\cdot$ ist $F_{12}(e_1) = e_1^2 \in (\Pi_{12})_0^\cdot$. Bei $(f_1, g_1) \in C_1^\cdot * C_1^\cdot$ ist $F_{12}(f_1 g_1) = (f_1 g_1)^2 = f_1^2 g_1^2 = F_{12}(f_1)\, F_{12}(g_1)$, also ist $F_{12}^\cdot$ ein Funktor von $C_1^\cdot$ nach $\Pi_{12}^\cdot$. Entsprechend beweist man, daß $F_{21}^\cdot$ ein Funktor von $C_2^\cdot$ nach $\Pi_{21}^{\cdot\, op}$ ist.

Satz 11: *Es seien $C_1^\cdot$ und $C_2^\cdot$ zwei Kategorien mit $(C_1)_0^\cdot = (C_2)_0^\cdot$, und es existiere das allgemeine Produkt $C^\cdot$ von $C_1^\cdot$ und C_2. Ist $f_1 \in$ epi $(C_1^\cdot)$, $f_2 \in$ epi$(C_2^\cdot)$, $\beta_1(f_1) = \alpha_2(f_2)$ und gilt für beliebige (g_1, g_2), $(h_1, h_2) \in C$ bei Bestehen der Beziehung $(f_1, f_2)\,(g_1, g_2) = (f_1, f_2)\,(h_1, h_2)$ stets $g_1^2 f_2 = h_1^2 f_2 \in$ epi $(C_2^\cdot)$, so ist $(f_1, f_2) \in$ epi $(C^\cdot)$. Ist $f_1 \in$ mono $(C_1^\cdot)$, $f_2 \in$ mono $(C_2^\cdot)$, $\beta_1(f_1) = \alpha_2(f_2)$ und gilt für beliebige (g_1, g_2), $(h_1, h_2) \in C$ bei Bestehen der Beziehung $(g_1, g_2)\,(f_1, f_2) = (h_1, h_2)\,(f_1, f_2)$ stets $g_2^1 f_1 = h_2^1 f_1 \in$ mono $(C_1^\cdot)$, so ist $(f_1, f_2) \in$ mono $(C^\cdot)$.*

Beweis: Aus dem Bestehen der Beziehung $(f_1, f_2)\,(g_1, g_2) = (f_1, f_2)\,(h_1, h_2)$ in $C^\cdot$ folgt

$$(f_1 \cdot f_2^1 g_1,\, g_1^2 f_2 \cdot g_2) = (f_1 \cdot f_2^1 h_1,\, h_1^2 f_2 \cdot h_2)\,.$$

Da $f_1 \in \operatorname{epi}(C^\cdot)$ ist, so ist $f_2^1 g_1 = f_2^1 h_1$. Nach Voraussetzung ist $g_1^2 f_2 = h_1^2 f_2 \in \operatorname{epi}(C_2^\cdot)$, also ist $g_2 = h_2$. Weiter gilt $f_2 g_1 = f_2^1 g_1 \cdot g_1^2 f_2 = f_2^1 h_1 \cdot h_1^2 f_2 = f_2 h_1$, und wegen $f_2 \in \operatorname{epi}(C_2^\cdot)$ folgt daraus $g_1 = h_1$. Entsprechend beweist man den zweiten Teil des Satzes.

Definition 3: Es sei $C^\cdot$ eine Kategorie, und $C_1^\cdot$ und $C_2^\cdot$ seien zwei Unterkategorien von $C^\cdot$ mit $C_1 \cap C_2 = C_0^\cdot$. Dann heißt $C^\cdot$ das *allgemeine Produkt von $C_1^\cdot$ und $C_2^\cdot$ im strengen Sinn* — in Zeichen: $C^\cdot = C_1^\cdot \circ C_2^\cdot$ —, wenn sich jedes Element f von $C^\cdot$ sowohl eindeutig in der Form $f = f_1 f_2$ als auch eindeutig in der Form $f = f_2' f_1'$ mit $f_1, f_1' \in C_1$ und $f_2, f_2' \in C_2$ darstellen läßt.

Die folgenden Sätze 12 und 14—16 werden entsprechend wie die Sätze 2 und 5—7 bewiesen. Man beachte dabei, daß, wenn in einer Kategorie $C^\cdot$ zwei Paare faktorisierender Abbildungen (γ_1, γ_2) und (γ_1^*, γ_2^*) mit $\gamma_1^*(C) = \gamma_2(C)$ und $\gamma_2^*(C) = \gamma_1(C)$ gegeben sind, für jedes $f \in C$ offensichtlich gilt:

$$\text{e)} \quad \begin{cases} \gamma_1^*(\gamma_1(f)) \in C_0^\cdot\,, & \gamma_1^*(\gamma_2(f)) = \gamma_2(f)\,,\\ \gamma_2^*(\gamma_1(f)) = \gamma_1(f)\,, & \gamma_2^*(\gamma_2(f)) \in C_0^\cdot\,,\\ \gamma_1(\gamma_1^*(f)) \in C_0^\cdot\,, & \gamma_1(\gamma_2^*(f)) = \gamma_2^*(f)\,,\\ \gamma_2(\gamma_1^*(f)) = \gamma_1^*(f)\,, & \gamma_2(\gamma_2^*(f)) \in C_0^\cdot\,. \end{cases}$$

Satz 12: *Genau dann ist eine Kategorie $C^\cdot$ das allgemeine Produkt im strengen Sinn von ihren Unterkategorien $C_1^\cdot$ und $C_2^\cdot$, wenn in $C^\cdot$ zwei Paare faktorisierender Abbildungen (γ_1, γ_2) und (γ_1^*, γ_2^*) mit $\gamma_1^*(C) = \gamma_2(C) = C_2$ und $\gamma_2^*(C) = \gamma_1(C) = C_1$ existieren.*

Satz 13: *Jedes allgemeine Produkt von Gruppoiden ist ein allgemeines Produkt im strengen Sinn; insbesondere ist jedes allgemeine Produkt von Gruppen ein allgemeines Produkt im strengen Sinn.*

Beweis: Es sei $C^\cdot = C_1^\cdot C_2^\cdot$, und $C_1^\cdot$ und $C_2^\cdot$ seien Gruppoide. Dann bestimmen die Abbildungen $\gamma_1^* \in C^C$ mit $\gamma_1^*(f) = (\gamma_2(f^{-1}))^{-1}$ und $\gamma_2^* \in C^C$ mit $\gamma_2^*(f) = (\gamma_1(f^{-1}))^{-1}$ ein Paar faktorisierender Abbildungen von $C^\cdot$ mit $\gamma_1^*(C) = \gamma_2(C)$ und $\gamma_2^*(C) = \gamma_1(C)$, wo (γ_1, γ_2) das zu $C^\cdot$ gehörige Paar faktorisierender Abbildungen mit $\gamma_1(C) = C_1$ und $\gamma_2(C) = C_2$ angibt. Wegen $f^{-1} = \gamma_1(f^{-1})\,\gamma_2(f^{-1})$ für jedes $f \in C$ ist

$$f = (\gamma_2(f^{-1}))^{-1}\,(\gamma_1(f^{-1}))^{-1} = \gamma_1^*(f)\,\gamma_2^*(f)\,.$$

Für jedes $e \in C_0^\cdot$ ist $\gamma_1^*(e) = \gamma_2^*(e) = e$. Für jedes $f \in C$ ist

$$\begin{aligned}\gamma_1^*(\gamma_2^*(f)) &= \gamma_1^*((\gamma_1(f^{-1}))^{-1}) = (\gamma_2(\gamma_1(f^{-1})))^{-1}\\ &= (\gamma_1(\gamma_2(f^{-1})))^{-1} = \gamma_2^*(\gamma_1^*(f)) \in C_0^\cdot\,.\end{aligned}$$

Für beliebige $f, g \in C$ mit $(f, g) \in C^{\cdot} * C^{\cdot}$ ist

$$\gamma_1^*(fg) = (\gamma_2(g^{-1}f^{-1}))^{-1} = \big(\gamma_2(\gamma_2(g^{-1})\,\gamma_1(f^{-1}))\,\gamma_2(f^{-1})\big)^{-1}$$
$$= (\gamma_2(f^{-1}))^{-1}\,\big(\gamma_2(\gamma_2(g^{-1})\,\gamma_1(f^{-1}))\big)^{-1} = \gamma_1^*(f)\,\gamma_1^*)\,(\gamma_2^*(f)\,\gamma_1^*(g))$$

und entsprechend

$$\gamma_2^*(fg) = \gamma_2^*(\gamma_2^*(f)\,\gamma_1^*(g))\,\gamma_2^*(g)\,.$$

Damit sind F I—F IV bewiesen.

Satz 14: *Es sei* $C^{\cdot} = C_1^{\cdot} \circ C_2^{\cdot}$, *und es seien* (γ_1, γ_2) *und* (γ_1^*, γ_2^*) *die zugehörigen Paare faktorisierender Abbildungen von* $C^{\cdot}$ *mit* $\gamma_2^*(C) = \gamma_1(C) = C_1$ *und* $\gamma_1^*(C) = \gamma_2(C) = C_2$. *Dann ist die Klasse* $[C^{\cdot}; C_1, C_2]$ *der Quatuoren* (f_1, f_2, f_2', f_1') *von* $C^{\cdot}$(*d. h. der Quadrupel von* $C^{\cdot}$ *mit* $f_1, f_1' \in C_1$, $f_2, f_2' \in C_2$, $(f_1, f_2) \in C^{\cdot} * C^{\cdot}$, $(f_2, f_1') \in C^{\cdot} * C^{\cdot}$ *und* $f_1 f_2' = f_2 f_1'$) *die Trägerklasse einer zu* $C^{\cdot}$ *isomorphen Kategorie* $[C^{\cdot}; C_1, C_2]^{\square}$, *wenn man die sie definierenden Operationen* $\alpha^{\square}, \beta^{\square}$ *und* $\varphi^{\square}$ *wie folgt festsetzt: Für jedes* $(f_1, f_2, f_2', f_1') \in [C^{\cdot}; C_1, C_2]$ *ist*

$$\alpha^{\square}(f_1, f_2, f_2', f_1') = (\alpha(f_1), \alpha(f_1), \alpha(f_1), \alpha(f_1))$$

und

$$\beta^{\square}(f_1, f_2, f_2', f_1') = (\beta(f_1'), \beta(f_1'), \beta(f_1'), \beta(f_1'))\,.$$

Das Produkt $\varphi^{\square}((f_1, f_2, f_2', f_1'), (g_1, g_2, g_2', g_1'))$ *ist genau dann erklärt, wenn* $\beta(f_1') = \alpha(g_1)$ *ist, und es ist, wenn wir für* $\varphi^{\square}((f_1, f_2, f_2', f_1'), (g_1, g_2, g_2', g_1'))$ *kurz* $(f_1, f_2, f_2', f_1') \square (g_1, g_2, g_2', g_1')$ *setzen*

$$(f_1, f_2, f_2', f_1') \square (g_1, g_2, g_2', g_1')$$
$$= (f_1\gamma_1(f_2'g_1), f_2\gamma_1^*(f_1'g_2), \gamma_2(f_2'g_1)\,g_2', \gamma_2^*(f_1'g_2)\,g_1')\,.$$

— *Ist* $C^{\cdot}$ *speziell ein Gruppoid, so ist auch* $[C^{\cdot}; C_1, C_2]^{\square}$ *ein Gruppoid.*

Bemerkung 4: Die Klasse $[C^{\cdot}; C_1, C_2]$ ist eine Teilklasse der Trägerklasse der Doppelkategorie der Quatuoren von $C^{\cdot}$ [3]. Bezeichnet F die Abbildung von C in $[C^{\cdot}; C_1, C_2]$ mit $F(f) = (\gamma_1(f), \gamma_1^*(f), \gamma_2(f), \gamma_2^*(f))$ für jedes $f \in C$, so gelten mit den Bezeichnungen aus [3] die folgenden Beziehungen:

$$'\alpha^{\square\square} F = \gamma_1\,,\ '\beta^{\square\square} F = \gamma_2^*\,,\ '\alpha^{\substack{\square\\\square}} F = \gamma_1^*\,,\ '\beta^{\substack{\square\\\square}} F = \gamma_2\,,$$
$$\varphi^{\square}((f_1, f_2, f_2', f_1'), (g_1, g_2, g_2', g_1')) =$$
$$= \varphi^{\substack{\square\\\square}}\,(\varphi^{\square\square}((f_1, f_2, f_2', f_1'), (f_1', \gamma_1^*(f_1'g_2),\ g_2, \gamma_2^*(f_1'g_2))),$$
$$\varphi^{\square\square}((\gamma_1(f_2'g_1), f_2', \gamma_2(f_2'g_1), g_1), (g_1, g_2, g_2', g_1')))\,,$$

$$\alpha^{\square} = \alpha^{\square\square}\,\alpha^{\boxminus} \text{ und } \beta^{\square} = \beta^{\square\square}\,\beta^{\boxminus}$$ [1].

Bemerkung 5: Sind $C_1^{\cdot}$ und $C_2^{\cdot}$ zwei Kategorien und ist $C^{\cdot} = C_1^{\cdot} \times C_2^{\cdot}$ das direkte Produkt von $C_1^{\cdot}$ und $C_2^{\cdot}$, so genügt neben dem in Bemerkung 2 definierten Paar faktorisierender Abbildungen (γ_1, γ_2) von $C^{\cdot}$ auch das Paar $(\gamma_1^*, \gamma_2^*) \in C^C \times C^C$ mit $\gamma_1^*(f_1, f_2) = (\alpha_1(f_1), f_2)$ und $\gamma_2^*(f_1, f_2) = (f_1, \beta_2(f_2))$ für jedes $(f_1, f_2) \in C$ den Forderungen eines faktorisierenden Abbildungspaares, und es ist $\gamma_1^*(C) = \gamma_2(C) = (C_1)_0^{\cdot} \times C_2$ und $\gamma_2^*(C) = \gamma_1(C) = C_1 \times (C_2)_0^{\cdot}$. Es gilt also auch $C^{\cdot} = (C_1^{\cdot} \times (C_2)_0^{\cdot}) \circ ((C_1)_0^{\cdot} \times C_2^{\cdot})$.

Satz 15: *Es seien $C^{\cdot} = C_1^{\cdot} \circ C_2^{\cdot}$ und $D^{\cdot} = D_1^{\cdot} \circ D_2^{\cdot}$ zwei Kategorien und $F^{\cdot}$ ein Funktor von $C^{\cdot}$ nach $D^{\cdot}$. Dann ist $F^{\cdot}$ das allgemeine Produkt im strengen Sinn von den Funktoren $F_1^{\cdot}$ und $F_2^{\cdot}$, wo $F_1^{\cdot}$ die Beschränkung von $F^{\cdot}$ auf $C_1^{\cdot}$ und $F_2^{\cdot}$ die Beschränkung von $F^{\cdot}$ auf $C_2^{\cdot}$ ist.*

Satz 16: *Es sei $C^{\cdot} = C_1^{\cdot} \circ C_2^{\cdot}$ eine Kategorie und (γ_1, γ_2) sowie (γ_1^*, γ_2^*) die zu dem Produkt zugehörigen Paare faktorisierender Abbildungen mit $\gamma_2^*(C) = \gamma_1(C) = C_1$ und $\gamma_1^*(C) = \gamma_2(C) = C_2$. $K^{\cdot}$ sei eine Kongruenzrelation von $C^{\cdot}$, für die gilt:*

$$\bigwedge_f \bigwedge_g \big((f, g) \in K \Rightarrow \quad (\gamma_1(f), \gamma_1(g)) \in K \wedge (\gamma_2(f), \gamma_2(g)) \in K$$
$$\wedge\, (\gamma_1^*(f), \gamma_1^*(g)) \in K \wedge (\gamma_2^*(f), \gamma_2^*(g)) \in K\big)\,.$$

Dann ist $K^{\cdot}$ das allgemeine Produkt der Kongruenzrelationen $K_1^{\cdot}$ und $K_2^{\cdot}$ im strengen Sinn, wo $K_1^{\cdot}$ die durch $K^{\cdot}$ in $C_1^{\cdot}$ induzierte Kongruenzrelation und $K_2^{\cdot}$ die durch $K^{\cdot}$ in $C_2^{\cdot}$ induzierte Kongruenzrelation ist.

Satz 17: *Ist $C^{\cdot}$ eine Kategorie und sind (γ_1, γ_2) und (γ_1^*, γ_2^*) zwei Paare faktorisierender Abbildungen von $C^{\cdot}$ mit $\gamma_1^*(C) = \gamma_2(C)$ und $\gamma_2^*(C) = \gamma_1(C)$, so gilt:*

$$\text{d}') \begin{cases} \textit{Ist } (f, g_1) \in C^{\cdot} * C^{\cdot} \cap C \times C_1 \textit{ und ist } fg_1 \in C_1, \textit{ so ist } f \in C_1. \\ \textit{Ist } (f_2, g) \in C^{\cdot} * C^{\cdot} \cap C_2 \times C \textit{ und ist } f_2 g \in C_2, \textit{ so ist } g \in C_2. \end{cases}$$

Beweis: Wegen $\gamma_2^*(f) \in C_1 = \gamma_1(C)$ existiert ein $h \in C$ mit $\gamma_2^*(f) = \gamma_1(h)$; wegen $g_1 \in C_1$ existiert ein $g \in C$ mit $g_1 = \gamma_1(g)$. Aus

$$fg_1 = \gamma_1^*(f)\,\gamma_2^*(f)\,g_1 = \gamma_1^*(f)\,\gamma_1(h)\,\gamma_1(g) = \gamma_1^*(f)\,\gamma_1(\gamma_1(h)\,g) \in C_1$$

folgt unter Beachtung von e)

$$\gamma_1^*(fg_1) = \gamma_1^*(\gamma_1^*(f)\,\gamma_1(\gamma_1(h)\,g))$$
$$= \gamma_1^*(\gamma_1^*(f))\,\gamma_1^*(\gamma_2^*(\gamma_1^*(f))\,\gamma_1^*(\gamma_1(\gamma_1(h)\,g))) \in C_0^{\cdot}\ ;$$

also wiederum unter Beachtung von e) $\gamma_1^*(f) \in C_0^{\cdot}$, d. h. $f \in C_1$. Der zweite Teil des Satzes wird entsprechend bewiesen.

---

[1]) Die Zeichen $\square\square$ und $\boxminus$ stehen dabei bzw. für die laterale und longitudinale Verknüpfung in der Doppelkategorie der Quatuoren einer Kategorie.

Satz 18: *Es sei* $C^{\cdot} = C_1^{\cdot} \circ C_2^{\cdot}$ *eine Kategorie und* (γ_1, γ_2) *und* $(\gamma_1^*, \gamma_2^*$ *die zugehörigen Paare faktorisierender Abbildungen mit* $\gamma_2^*(C) = \gamma_1(C) = C$ *und* $\gamma_1^*(C) = \gamma_2(C) = C_2$. *Dann ist neben den Abbildungen* $f_1^2(f_1 \in C_1$ *und* $f_2^1(f_2 \in C_2)$ *aus Satz 8 für jedes* $f_1 \in C_1$ *eine Abbildung* $\bar f_1^2$ *von* $\beta_1(f_1)\, C_2$ *in* $\alpha_1(f_1)\, C_2$ *und für jedes* $f_2 \in C_2$ *eine Abbildung* $\bar f_2^1$ *von* $C_1\,\alpha_2(f_2)$ *in* $C_1\beta_2(f_2)$ *bestimmt, und diese Abbildungen genügen den folgenden Bedingungen:*

1′. $\bigwedge\limits_{f_1}\bigwedge\limits_{f_2} \left(f_1 \in C_1 \wedge f_2 \in C_2 \Rightarrow \overline{(\beta_1(f_1))}^1 f_1 = f_1 \wedge \overline{(\alpha_2(f_2))}^2 f_2 = f_2\right)$;

2′. $\bigwedge\limits_{f_1}\bigwedge\limits_{f_2} \left(f_1 \in C_1 \wedge f_2 \in C_1 \Rightarrow \bar f_1^2(\beta_1(f_1)) = \alpha_1(f_1) \wedge \bar f_2^1(\alpha_2(f_2)) = \beta_2(f_2)\right)$;

3′. $\bigwedge\limits_{(g_1,h_1)}\bigwedge\limits_{(f_2,g_2)} \Big((g_1, h_1) \in C_1^{\cdot} * C_1^{\cdot} \wedge (f_2, g_2) \in C_2^{\cdot} * C_2^{\cdot}$

$$\wedge f_2g_2 \in D(\overline{(g_1h_1)}^2) \wedge g_1h_1 \in D(\overline{(f_2g_2)}^1)$$

$$\Rightarrow \overline{(g_1h_1)}^2\,(f_2g_2) = \bar g_1^2(\bar h_1^2 f_2)\cdot \overline{(\overline{(\bar h_1^2 f_2)}^1\, g_1)}^2\, \overline{(\bar f_2^1 h_1)}^2\, g_2$$

$$\wedge \overline{(f_2g_2)}^1\,(g_1h_1) = \overline{(\overline{(\bar f_2^1 h_1)}^2\, g_2)}^1\cdot \overline{(\bar h_1^2 f_2)}^1\, g_1 \cdot \bar g_2^1(f_2^1 \bar h_1)\Big);$$

4a. $\bigwedge\limits_{f_1}\bigwedge\limits_{f_2} \Big((f_1, f_2) \in C^{\cdot} * C^{\cdot} \cap C_1 \times C_2$

$$\Rightarrow (\bar f_1^2 f_2)^1\,(\bar f_2^1 f_1) = f_1 \wedge (\bar f_2^1 f_1)^2\,(\bar f_1^2 f_2) = f_2\Big);$$

b. $\bigwedge\limits_{f_1}\bigwedge\limits_{f_2} \Big((f_2, f_1) \in C^{\cdot} * C^{\cdot} \cap C_2 \times C_1$

$$\Rightarrow \overline{(f_1^2 f_2)}^1\,(f_2^1 f_1) = f_1 \wedge \overline{(f_2^1 f_1)}^2\,(f_1^2 f_2) = f_2\Big)\,.$$

Bei $(f_1, f_2) \in C^{\cdot} * C^{\cdot} \cap C_1 \times C_2$ *ist auch* $(\bar f_1^2 f_2, \bar f_2^1 f_1) \in C^{\cdot} * C^{\cdot}$, *und es gilt*

$$f_1 f_2 = \bar f_1^2 f_2 \cdot \bar f_2^1 f_1\,. \tag{2}$$

Beweis: Für jedes $f_1 \in C_1$ sei $\bar f_1^2$ erklärt durch $\bar f_1^2 f_2 = \gamma_1^*(f_1f_2)$ für jedes $f_2 \in \beta(f_1)\, C_2$, und für jedes $f_2 \in C_2$ sei $\bar f_2^1$ erklärt durch $\bar f_2^1 f_1 = \gamma_2^*(f_1f_2)$ für jedes $f_1 \in C_1\alpha(f_2)$. 1′, 2′ und 3′ werden genau so bewiesen wie 1, 2 und 3 in Satz 8. Weiter ist bei $(f_1, f_2) \in C^{\cdot} * C^{\cdot} \cap C_1 \times C_2$

$$\begin{aligned}(\bar f_1^2 f_2)^1\,(\bar f_2^1 f_1) &= (\gamma_1^*(f_1f_2))^1\,(\gamma_2^*(f_1f_2)) \\ &= \gamma_1(\gamma_1^*(f_1f_2)\,\gamma_2^*(f_1f_2)) = \gamma_1(f_1f_2) = f_1\end{aligned}$$

und entsprechend $(\bar f_2^1 f_1)^2\,(\bar f_1^2 f_2) = f_2$. Ebenso wird 4b bewiesen. Schließlich ist bei $(f_1, f_2) \in C^{\cdot} * C^{\cdot} \cap C_1 \times C_2$

$$\beta(\bar f_1^2 f_2) = \beta(\gamma_1^*(f_1f_2)) = \alpha(\gamma_2^*(f_1f_2)) = \alpha(\bar f_2^1 f_1)\,,$$

und es ist $\bar f_1^2 f_2 \cdot \bar f_2^1 f_1 = f_1f_2$.

Bemerkung 6: Ist $C^{\cdot} = C_1^{\cdot} C_2^{\cdot}$ allgemeines Produkt von Gruppoiden, so gilt nach Satz 13 auch $C^{\cdot} = C_1^{\cdot} \circ C_2^{\cdot}$. Die Abbildungen $\bar{f}_1^2 (f_1 \in C_1)$ sind erklärt durch

$$\bar{f}_1^2 f_2 = \gamma_1^*(f_1 f_2) = (\gamma_2(f_2^{-1} f_1^{-1}))^{-1} = ((f_1^{-1})^2) f_2^{-1})^{-1}$$

für jedes $f_2 \in \beta_1(f_1)\, C_2$ und die Abbildungen $\bar{f}_2^1 (f_2 \in C_2)$ sind erklärt durch

$$\bar{f}_2^1 f_1 = \gamma_2^*(f_1 f_2) = (\gamma_1(f_2^{-1} f_1^{-1}))^{-1} = ((f_2^{-1})^1 f_1^{-1})^{-1})^{-1}$$

für jedes $f_1 \in C_1 \alpha_2(f_2)$.

Satz 19: *Es seien $C_1^{\cdot}$ und $C_2^{\cdot}$ zwei Kategorien. Jedem $f_1 \in C_1$ seien Einheiten $e_2(f_1)$ und $e_2'(f_1)$ von $C_2^{\cdot}$ und Abbildungen f_1^2 von $C_2 e_2'(f_1)$ in $C_2 e_2(f_1)$ und $\bar{f}_1^2$ von $e_2(f_1)\, C_2$ in $e_2'(f_1)\, C_2$ zugeordnet, und jedem $f_2 \in C_2$ seien Einheiten $e_1(f_2)$ und $e_1'(f_2)$ von $C_1^{\cdot}$ und Abbildungen f_2^1 von $e_1'(f_2)\, C_1$ in $e_1(f_2)\, C_1$ und $\bar{f}_2^1$ von $C_1 e_1(f_2)$ in $C_1' e(f_2)$ zugeordnet, so daß $\alpha_1(f_1) = e_1(e_2'(f_1))$, $\beta_2(f_2) = e_2(e_1'(f_2))$, $e_2'(f_1) = e_2(\alpha_1(f_1))\, e_1'(f_2) = e_1(\beta_2(f_2))$, $e_1(\alpha_2(f_2)) = e_1(f_2)$ und $e_2(f_1) = e_2(\beta_1(f_1))$ gilt. Dann läßt sich unter den unten angegebenen Bedingungen eine Kategorie $C^{\cdot}$ definieren, die das allgemeine Produkt von $C_1^{\cdot}$ und $C_2^{\cdot}$ im strengen Sinn ist. Dabei ist*

$$C = \{(f_1, f_2) \in C_1 \times C_2 \mid f_1 \in D(\bar{f}_2^1) \wedge f_2 \in D(\bar{f}_1^2)\}$$

und die $C^{\cdot}$ definierenden Operationen α, β und φ sind wie folgt definiert: Für jedes $(f_1, f_2) \in C$ ist $\alpha(f_1, f_2) = (\alpha_1(f_1), \alpha_2(\bar{f}_1^2 f_2))$ und $\beta(f_1, f_2) = (\beta_1(\bar{f}_2^1\, f_1), \beta_2(f_2))$. Das Produkt $\varphi((f_1, f_2), (g_1, g_2))$ ist genau dann erklärt, wenn $\beta(f_1, f_2) = \alpha(g_1, g_2)$ ist, und es ist für jedes $((f_1, f_2), (g_1, g_2)) \in C^{\cdot} * C^{\cdot}$

$$(f_1, f_2)\,(g_1, g_2) = (f_1 \cdot f_2^1 g_1, g_1^2 f_2 \cdot g_2)\,.$$

Die Bedingungen lauten:

1a. $\bigwedge_{e_1} \big(e_1 \in (C_1)_0^{\cdot} \Rightarrow e_1^2 = \mathrm{Id}_{C_2} | D(e_1^2) \wedge \bar{e}_1^2 = \mathrm{Id}_{C_2} | D(\bar{e}_1^2)\big)$;

b. $\bigwedge_{e_2} \big(e_2 \in (C_2)_0^{\cdot} \Rightarrow e_2^1 = \mathrm{Id}_{C_1} | D(e_2^1) \wedge \bar{e}_2^1 = \mathrm{Id}_{C_1} | D(\bar{e}_2^1)\big)$;

2a. $\bigwedge_{(g_1, h_1)} \bigwedge_{(f_2, g_2)} \big((g_1, h_1) \in C_1^{\cdot} * C_1^{\cdot} \wedge (f_2, g_2) \in C_2^{\cdot} * C_2^{\cdot}\big)$

$$\wedge f_2 g_2 \in D((g_1 h_1)^2) \wedge g_1 h_1 \in D((f_2 g_2)^1)$$

$$\Rightarrow (g_1 h_1)^2\, (f_2 g_2) = ((g_1^2 g_2)^1\, h_1)^2\, ((g_2^1 g_1)^2\, f_2) \cdot h_1^2 (g_1^2 g_2)$$

$$\wedge (f_2 g_2)^1\, (g_1 h_1) = f_2^1 (g_2^1 g_1) \cdot ((g_2^1 g_1)^2\, f_2)^1\, ((g_1^2 g_2)^1\, h_1))\,;$$

b. $\bigwedge_{(g_1, h_1)} \bigwedge_{(f_2, g_2)} ((g_1, h_1) \in C^{\cdot}_1 * C^{\cdot}_1 \wedge (f_2, g_2) \in C^{\cdot}_2 * C^{\cdot}_2$

$$\wedge f_2 g_2 \in D((\overline{g_1 h_1})^2) \wedge g_1 h_1 \in D((\overline{f_2 g_2})^1)$$

$$\Rightarrow (\overline{g_1 h_1})^2 (f_2 g_2) = \bar{g}^2_1(\bar{h}^2_1 f_2) \cdot (\overline{(\overline{\bar{h}^2_1 f_2})^1 g_1})^2 (\overline{\bar{f}^1_2 h_1})^2 g_2$$

$$\wedge (\overline{f_2 g_2})^1 (g_1 h_1) = (\overline{(\overline{\bar{f}^1_2 h_1})^2 g_2})^1 (\overline{\bar{h}^2_1 f_2})^1 g_1 \cdot \bar{g}^1_2(\bar{f}^1_2 h_1));$$

3a. $\bigwedge_{f_1} \bigwedge_{f_2} (f_1 \in D(f^1_2) \wedge f_2 \in D(f^2_1) \Rightarrow f^2_1 f_2 \in D((\overline{f^1_2 f_1})^2)$

$$\wedge f^1_2 f_1 \in D((\overline{f^2_1 f_2})^1 \wedge (\overline{f^2_1 f_2})^1 f^1_2 f_1 = f_1 \wedge (\overline{f^1_2 f_1})^2 f^2_1 f_2 = f_2);$$

b. $\bigwedge_{f_1} \bigwedge_{f_2} (f_1 \in D(\bar{f}^1_2) \wedge f_2 \in D(\bar{f}^2_1) \Rightarrow \bar{f}^2_1 f_2 \in D((\bar{f}^1_2 f_1)^2)$

$$\wedge \bar{f}^1_2 f_1 \in D((\bar{f}^2_1 f_2)^1) \wedge (\bar{f}^2_1 f_2)^1 \bar{f}^1_2 f_1 = f_1 \wedge (\bar{f}^1_2 f_1)^2 \bar{f}^2_1 f_2 = f_2).$$

Beweis: Durch α und β sind Abbildungen von C in C erklärt; denn $\alpha(f_1, f_2) = (\alpha_1(f_1), \alpha_2(\bar{f}^2_1 f_2))$ und $\beta(f_1, f_2) = (\beta_1(\bar{f}^1_2 f_1), \beta_2(f_2))$ sind Elemente von C, da nach Voraussetzung $\alpha_1(f_1) = e_1(e'_2(f_1)) = e_1(\alpha_2(\bar{f}^2_1 f_2)) \in D(\overline{\alpha_2(\bar{f}^2_1 f_2)}^1)$ und $\alpha_2(\bar{f}^2_1 f_2) = e'_2(f_1) = e_2(\alpha_1(f_1)) \in D(\overline{\alpha_1(f_1)}^2)$ sowie $\beta_1(\bar{f}^1_2 f_1) = e'_1(f_2) = e_1(\beta_2(f_2)) \in D(\overline{\beta_2(f_2)}^1)$ und $\beta_2(f_2) = e_2(e'_1(f_2)) = e_2(\beta_1(\bar{f}^1_2 f_1)) \in D(\overline{\beta_1(\bar{f}^1_2 f_1)}^2)$ ist. Weiter ist φ eine Abbildung von $C^{\cdot} * C^{\cdot}$ in C; denn bei $\beta(f_1, f_2) = \alpha(g_1, g_2)$ ist $e'_1(f_2) = \beta_1(\bar{f}^1_2 f_1) = \alpha_1(g_1)$ und $\beta_2(f_2) = \alpha_2(\bar{g}^2_1 g_2) = e'_2(g_1)$, also ist $g_1 \in D(f^1_2)$ und $f_2 \in D(g^2_1)$, und wegen $f_1 \in D(\bar{f}^1_2)$ ist $\beta_1(f_1) = e_1(f_2) = \alpha_1(f^1_2 g_1)$, und wegen $g_2 \in D(\bar{g}^2_1)$ ist $\alpha_2(g_2) = e_2(g_1) = \beta_2(g^2_1 f_2)$. Also ist $(f_1 \cdot f^1_2 g_1, g^2_1 f_2 \cdot g_2) \in C_1 \times C_2$. Nach 3a ist weiter $f^1_2 g_1 \in D(\overline{g^2_1 f_2})^1)$, also $f_1 \cdot f^1_2 g_1 \in D((\overline{g^2_1 f_2 \cdot g_2})^1)$ und $g^2_1 f_2 \in D((\overline{f^1_2 g_1})^2)$, also $g^2_1 f_2 \cdot g_2 \in D((\overline{f_1 \cdot f^1_2 g_1})^2)$, und damit ist $(f_1 \cdot f^1_2 g_1, g^2_1 f_2 \cdot g_2) \in C$. Nach 1 und 2 ist

$$(\alpha(f_1, f_2), (f_1, f_2)) = ((\alpha_1(f_1), \alpha_2(\bar{f}^2_1 f_2)), (f_1, f_2)) \in C^{\cdot} * C^{\cdot}$$

und

$$\alpha(f_1, f_2)\,(f_1, f_2) = (\alpha_1(f_1), \alpha_2(\bar{f}^2_1 f_2))\,(f_1, f_2)$$

$$= (\alpha_1(f_1)(\alpha_2(\bar{f}^2_1 f_2))^1) f_1, f^2_1(\alpha_2(\bar{f}^2_1 f_2)) \cdot f_2) = (f_1, f_2)$$

und entsprechend ist $((f_1, f_2), \beta(f_1, f_2)) \in C^{\cdot} * C^{\cdot}$ und $(f_1, f_2)\,\beta(f_1, f_2) = (f_1, f_2)$. Bei $((f_1, f_2), (g_1, g_2)) \in C^{\cdot} * C^{\cdot}$ ist nach 2b und 3

$$\alpha((f_1, f_2)\,(g_1, g_2)) = \alpha(f_1 \cdot f^1_2 g_1, g^2_1 f_2 \cdot g_2)$$

$$= (\alpha_1(f_1), \alpha_2((\overline{f_1 \cdot f^1_2 g_1})^2 (g^2_1 f_2 \cdot g_2)))$$

$$= (\alpha_1(f_1), \alpha_2(\bar{f}^2_1((\overline{f^1_2 g_1}))^2 g^2_1 f_2)))$$

$$= (\alpha_1(f_1), \alpha_2(\bar{f}^2_1 f_2)) = \alpha(f_1, f_2)$$

und entsprechend ergibt sich $\beta((f_1, f_2)\,(g_1, g_2)) = \beta(g_1, g_2)$. Eine leichte Rechnung ergibt unter Beachtung von 2a die Gültigkeit des Assoziativgesetzes.

Die Klasse $C_1^* = \{f_1^* := (f_1, e_2(f_1)) \in C \mid f_1 \in C_1\}$ definiert eine Unterkategorie $C_1^{*\cdot}$ von $C^{\cdot}$. Bei $f_1^* \in C_1^*$ ist

$$\alpha(f_1^*) = \big(\alpha_1(f_1), \alpha_2(\bar{f}_1^2 e_2(f_1))\big) = (\alpha_1(f_1), e_2'(f_1))$$
$$= \big(\alpha_1(f_1), e_2(\alpha_1(f_1))\big) \in C_1^*$$

und

$$\beta(f_1^*) = (\beta_1(\overline{e_2(f_1)}^1 f_1), e_2(f_1)) = (\beta_1(f_1), e_2'(\beta_1(f_1)))$$
$$= (\beta_1(f_1), e_2(\beta_1(f_1)) \in C_1^*$$

und bei $(f_1^*, g_1^*) \in C^{\cdot} * C^{\cdot}$ ist

$$f_1^* g_1^* = (f_1, e_2(f_1))\,(g_1, e_2(g_1)) = (f_1 \cdot \overline{e_2(f_1)}^1\, g_1, \bar{g}_1^2 e_2(f_1) \cdot e_2(g_1))$$
$$= (f_1 g_1, \bar{g}_1^2 e_2'(g_1 \cdot e_2(g_1)) = (f_1 g_1, e_2(g_1)) = (f_1 g_1, e_2(f_1 g_1)) \in C_1^* \,.$$

Weiter ist offenbar $(C_1^*)_0^{\cdot} = C_0^{\cdot}$. Entsprechend beweist man, daß $C_2^* = \{f_2^* := (e_1(f_2), f_2) \in C \mid f_2 \in C_2\}$ eine Unterkategorie $C_2^{*\cdot}$ von $C^{\cdot}$ definiert.

Durch $F_1(f_1^*) = f_1$ für jedes $f_1^* \in C_1^*$ ist eine bijektive Abbildung von C_1^* auf C_1 erklärt, die wegen $F_1(e_1^*) = e_1 \in (C_1)_0^{\cdot}$ für jedes $e_1^* \in (C_1^*)_0^{\cdot}$ und wegen $F_1(f_1^* g_1^*) = f_1 g_1$ für jedes $(f_1^*, g_1^*) \in C_1^{*\cdot} * C_1^{*\cdot}$ einen Isomorphismus $F_1^{\cdot}$ von $C_1^{*\cdot}$ nach $C_1^{\cdot}$ definiert. Ebenso definiert die Abbildung F_2 von C_2^* auf C_2 mit $F_2(f_2^*) = f_2$ für jedes $f_2^* \in C_2^*$ einen Isomorphismus $F_2^{\cdot}$ von $C_2^{*\cdot}$ nach $C_2^{\cdot}$. Offensichtlich ist $C_1^* \cap C_2^* = C_0^{\cdot}$. Schließlich gilt unter Beachtung von 3b für jedes $(f_1, f_2) \in C$ die Beziehung

$$f_1^* f_2^* = (f_1, f_2) = (\bar{f}_1^2 f_2)^* \, (\bar{f}_2^1 f_1)^* \,.$$

Bei $(f_1, f_2) \in C$ ist nämlich $f_1 \in D(\bar{f}_2^1)$, d. h. $\beta_1(f_1 = e_1(f_2)$ und $f_2 \in D(\bar{f}_1^2)$, d. h. $\alpha_2(f_2) = e_2(f_1)$, also ist $\beta(f_1^*) = \alpha(f_2^*)$, und es ist

$$f_1^* f_2^* = (f_1, e_2(f_1))\,(e_1(f_2), f_2) = (f_1 \cdot \overline{e_2(f_1)}^1\, e_1(f_2), \overline{e_1(f_2)}^2\, e_2(f_1) \cdot f_2) = (f_1, f_2) \,.$$

Nach 3b folgt aus $f_1 \in D(\bar{f}_2^1)$ und $f_2 \in D(\bar{f}_1^2)$, daß $\bar{f}_1^2 f_2 \in D(\bar{f}_2^1 f_1)^2)$, d. h. $\beta_2(\bar{f}_1^2 f_2) = e_2'(\bar{f}_2^1 f_1)$ und $\bar{f}_2^1 f_1 \in D((\bar{f}_1^2 f_2)^1)$, d. h. $\alpha_1(\bar{f}_2^1 f_1) = e_1'(\bar{f}_1 f_2)$ ist; also ist $\beta((\bar{f}_1^2 f_2)^*) = \alpha((\bar{f}_2^1 f_1)^*)$, und es ist nach 3b

$$(\bar{f}_1^2 f_2)^* \, (\bar{f}_2^1 f_1)^* = (e_1(\bar{f}_1^2 f_2), \bar{f}_1^2 f_2)\,(\bar{f}_2^1 f_1, e_2(\bar{f}_2^1 f_1))$$
$$= (e_1(\bar{f}_1^2 f_2) \cdot (\bar{f}_1^2 f_2)^1\, \bar{f}_2^1 f_1, (\bar{f}_2^1 f_1)^2\, \bar{f}_1^2 f_2 \cdot e_2(\bar{f}_2^1 f_1)) = (f_1, f_2) \,.$$

Diese Darstellung ist eindeutig. Aus $f_1^* f_2^* = g_1^* g_2^*$ mit $g_1^* \in C_1^*$, $g_2^* \in C_2^*$ folgt unmittelbar $f_1 = g_1$ und $f_2 = g_2$. Aus $(\bar{f}_1^2 f_2)^* (\bar{f}_2^1 f_1)^* = (\bar{g}_1^2 g_2)^* (\bar{g}_2^1 g_1)^*$ mit $g_1^* \in C_1^*$, $g_2^* \in C_2^*$ folgt zunächst $\bar{f}_1^2 f_2 = \bar{g}_1^2 g_2$ und $\bar{f}_2^1 f_1 = \bar{g}_2^1 g_1$ und hieraus nach 3b $f_1 = (\bar{f}_1^2 f_2)^1\, \bar{f}_2^1 f_1 = (\bar{g}_1^2 g_2)^1\, \bar{g}_2^1 g_1 = g_1$ und $f_2 = (\bar{f}_2^1 f_1)^2\, \bar{f}_1^2 f_2 = (\bar{g}_2^1 g_1)^2\, \bar{g}_1^2 g_2 = g_2$.

B e m e r k u n g 7: Man beachte, daß in Satz 19 nicht gefordert wird, daß die Einheitenklassen von $C^{\cdot}_1$ und $C^{\cdot}_2$ übereinstimmen. Da weiter sämtliche in Satz 19 gestellten Forderungen für jedes allgemeine Produkt von Kategorien im strengen Sinn erfüllt sind, kann jedes allgemeine Produkt von Kategorien im strengen Sinn so, wie in Satz 19 angegeben ist, erhalten werden.

S a t z 20: *Sind $C^{\cdot}_1$ und $C^{\cdot}_2$ Gruppoide, so sind die in Satz* 19 *konstruierte Kategorie $C^{\cdot}$ sowie die Kategorien $C_1^{*\cdot}$ und $C_2^{*\cdot}$ ebenfalls Gruppoide.*

B e w e i s: Für jedes $f_1^* \in C_1^*$ ist $(f_1^*)^{-1} = (f_1^{-1})^* \in C_1^*$; denn es ist $\beta(f_1^*) = \alpha((f_1^{-1})^*)$ und $f_1^*(f_1^{-1})^* = \alpha(f_1^*)$ sowie $\beta((f_1^{-1})^*) = \alpha(f_1^*)$ und $(f_1^{-1})^* f_1^* = \beta(f_1^*)$. Entsprechend zeigt man, daß $(f_2^*)^{-1} = (f_2^{-1})^* \in C_2^*$ ist. Damit ergibt sich für jedes $(f_1, f_2) \in C$:

$$\begin{aligned}(f_1, f_2)^{-1} &= (f_2^*)^{-1}\,(f_1^*)^{-1} = (f_2^{-1})^*\,(f_1^{-1})^* \\ &= (e_1(f_2^{-1}), f_2^{-1})\,(f_1^{-1}, e_2(f_1^{-1})) \\ &= (e_1(f_2^{-1}) \cdot (f_2^{-1})^1 f_1^{-1}, (f_1^{-1})^2 f_2^{-1} \cdot e_2(f_1^{-1})) \\ &= ((f_2^{-1})^1 f_1^{-1}, (f_1^{-1})^2 f_2^{-1}) \in C\,.\end{aligned}$$

B e m e r k u n g 8: Sind $C^{\cdot}_1$ und $C^{\cdot}_2$ in Satz 20 speziell Gruppen, so ist die in Satz 19 konstruierte Kategorie $C^{\cdot}$ ebenfalls eine Gruppe, und diese stimmt mit dem von RÉDEI und SZEP konstruierten allgemeinen Produkt von $C^{\cdot}_1$ und $C^{\cdot}_2$ überein. Sind $C^{\cdot}_1$ und $C^{\cdot}_2$ speziell Monoide, so ist die in Satz 19 konstruierte Kategorie $C^{\cdot}$ ebenfalls ein Monoid; die Voraussetzungen vereinfachen sich in diesem Fall erheblich.

S a t z 21: *Es sei $C^{\cdot} = C^{\cdot}_1 \circ C^{\cdot}_2$ eine Kategorie und (γ_1, γ_2) und (γ_1^*, γ_2^*) die zugehörigen Paare faktorisierender Abbildungen von $C^{\cdot}$ mit $\gamma_2^*(C) = \gamma_1(C) = C_1$ und $\gamma_1^*(C) = \gamma_2(C) = C_2$. Weiter gelte:*

1. *Zu jedem $f_1 \in C_1$ und jedem $g_2 \in C_2$ mit $\alpha(f_1) = \alpha(g_2)$ existiert genau ein Quatuor $(f_1, g_2, h_2, j_1) \in [C^{\cdot}; C_1, C_2]$;*
2. *Zu jedem $j_1 \in C_1$ und jedem $h_2 \in C_2$ mit $\beta(j_1) = \beta(h_2)$ existiert genau ein Quatuor $(f_1, g_2, h_2, j_1) \in [C^{\cdot}; C_1, C_2]$.*

Dann gibt es strukturerhaltende Kongruenzrelationen $R^{\cdot}_1$ und $R^{\cdot}_2$ von $C^{\cdot}$, so daß ein Element f von C genau dann zu einer Einheit mod R_1 *äquivalent ist, wenn $f \in C_1$ ist, und genau dann zu einer Einheit* mod R_2, *wenn $f \in C_2$ ist.*

B e w e i s: Wir werden im folgenden die Existenz der Faktorstruktur $C^{\cdot}/R^{\cdot}_1$ zeigen. Die Existenz von $C^{\cdot}/R^{\cdot}_2$ folgt entsprechend. Dazu nehmen wir an, daß $C^{\cdot}_1 = \sum_{\sigma \in \Sigma} C^{\cdot}_{1\sigma}$ die Zerlegung der Kategorie $C^{\cdot}_1$ in ihre zusammenhängenden Komponenten ist. Auf Grund der Voraussetzungen gibt es offenbar zu jedem $f \in C$ mit $\alpha(f) \in (C_{1\iota})^{\cdot}_0$ und $\beta(f) \in (C_{1\varkappa})^{\cdot}_0$ $(\iota, \varkappa \in \Sigma)$ einen eindeutig festgelegten Teilkomplex $\langle f\rangle$ von der Klasse

$$C_{\iota\varkappa} = \{\gamma_2(f') \mid f' \in C \wedge \alpha(f') \in (C_{1\iota})_0^{\cdot} \wedge \beta(f') \in (C_{1\varkappa})_0^{\cdot}\} \cup \{\gamma_1^*(f') \mid f' \in C \wedge \alpha(f') \in (C_{1\iota})_0^{\cdot} \wedge \beta(f') \in (C_{1\varkappa})_0^{\cdot}\},$$

der charakterisiert ist durch die Forderungen:

a) Es ist $\gamma_2(f) \in \langle f\rangle$ und $\gamma_1^*(f) \in \langle f\rangle$;

b) Für jedes $g \in C$ ist $\gamma_1^*(g) \in \langle f\rangle$, wenn $\gamma_2(g) \in \langle f\rangle$ ist und umgekehrt;

c) Weitere als die durch a) und b) bestimmten Elemente gehören nicht zu $\langle f\rangle$.

Die Klasse $\{C_1\langle f\rangle \mid f \in C\}$ ist eine Zerlegung von C. Wegen $\gamma_2(f) = \alpha(\gamma_2(f))\,\gamma_2(f) \in C_1\langle f\rangle$ ist $C_1\langle f\rangle \neq \emptyset$ für jedes $f \in C$. Weiter gilt für beliebige $f, f' \in C$ eine der Beziehungen $C_1\langle f\rangle = C_1(f')$ oder $C_1\langle f\rangle \cap C_1\langle f'\rangle = \emptyset$. Es genügt offenbar, die entsprechende Aussage statt für die Klassen $C_1\langle f\rangle$ für die Klassen $\langle f\rangle$ nachzuweisen. Sind $\alpha(f)$ und $\alpha(f')$ oder $\beta(f)$ und $\beta(f')$ nicht je in einer und derselben zusammenhängenden Komponente von $C_1^{\cdot}$ enthalten, so ist ersichtlich $\langle f\rangle \cap \langle f'\rangle = \emptyset$. Es seien nun $\alpha(f)$ sowie $\alpha(f')$ Elemente von $(C_{1\iota})_0^{\cdot}$ und $\beta(f)$ sowie $\beta(f')$ Elemente von $(C_{1\varkappa})_0^{\cdot}$, und es sei $\langle f\rangle \cap \langle f'\rangle \neq \emptyset$, etwa $g_2 \in \langle f\rangle$ und $g_2 \in \langle f'\rangle$. Dann gibt es eine Folge $e_0 = \alpha(g_2), e_1, \ldots, e_m = \alpha(\gamma_2(f))$ von Einheiten in $(C_{1\iota})_0^{\cdot}$, so daß jedesmal ein Verbindungselement von e_j nach e_{j+1} bzw. von e_{j+1} nach e_j existiert ($j = 0, 1, \ldots, m-1$) und eine Folge $e_0' = e_0 = \alpha(g_2), e_1', \ldots, e_n' = \alpha(\gamma_2(f'))$ von Einheiten in $(C_{1\iota})_0^{\cdot}$, so daß jedesmal ein Verbindungselement von e_k nach e_{k+1} bzw. von e_{k+1} nach e_k existiert ($k = 0, 1, \ldots, n-1$). Zu jedem Eckpunkt e der ersten Folge gibt es unter Beachtung von 1 genau ein Element $h_2 \in C_2$ mit $\alpha(h_2) = e$ und $h_2 \in \langle f\rangle$, zu jedem Eckpunkt der zweiten Folge gibt es genau ein Element h_2' mit $\alpha(h_2') = e'$ und $h_2' \in \langle f'\rangle$. Betrachtet man nun die Folge $e_m, e_{m-1}, \ldots, e_1, e_0 = e_0', e_1', \ldots, e_{n-1}', e_n'$, so sieht man, daß $\gamma_2(f')$ das eindeutig bestimmte Element mit $\alpha(\gamma_2(f')) = e_n$ und $\gamma_2(f') \in \langle f\rangle$ ist. Also ist $\langle f'\rangle = \langle f\rangle$. Schließlich gilt bei $f \in C$, daß $f = \gamma_1(f)\,\gamma_2(f) \in C_1\langle f\rangle$ ist, und bei $g \in C_1\langle f\rangle$, daß $g \in C$ ist. — Die durch

$$\bigwedge_f \bigwedge_{f'} (fR_1f' \Longleftrightarrow \langle f\rangle = \langle f'\rangle)$$

erklärte Äquivalenzrelation R_1 in C definiert eine Kongruenzrelation $R_1^{\cdot}$ von $C^{\cdot}$, d. h. $C^{\cdot}/R_1^{\cdot}$ ist ein multiplikativer Graph: Sei fR_1f', also $\langle f\rangle = \langle f'\rangle$, und $\alpha(f) \in (C_{1\iota})_0^{\cdot}$. Nach Konstruktion enthält $\langle\alpha(f)\rangle$ nur Einheiten, und es ist $\langle\alpha(f)\rangle = (C_{1\iota})_0^{\cdot}$, also $\alpha(\langle f\rangle) = \langle\alpha(f)\rangle$. Somit ist wegen $\alpha(\langle f\rangle) = \alpha(\langle f'\rangle)$ auch $\langle\alpha(f)\rangle = \langle\alpha(f')\rangle$, d. h. $\alpha(f)\,R_1\alpha(f')$. Entsprechend erhält man unter Beachtung von 2, daß bei $\beta(f) \in (C_{1\varkappa})_0^{\cdot}$ $\beta(\langle f\rangle) = (C_{1\varkappa})_0^{\cdot} = \langle\beta(f)\rangle$ ist, also $\beta(f)\,R_1\beta(f')$ gilt. Es mögen nun für beliebige $f, f', g, g' \in C$ die Beziehungen fR_1f' und gR_1g' bestehen, und es sei $(f, g) \in C^{\cdot} * C^{\cdot}$ und $(f', g') \in C^{\cdot} * C^{\cdot}$. Dann ist $\langle fg\rangle = \langle f\rangle\langle g\rangle = \langle f'\rangle\langle g'\rangle = \langle f'g'\rangle$, d. h.

es gilt $ff' R_1 gg'$. Zu jedem $h_2 \in \langle f \rangle$ existiert nämlich nach Konstruktion genau ein $j_2 \in \langle g \rangle$ mit $(h_2, j_2) \in C^{\cdot} * C^{\cdot}$. Wie man weiter leicht nachprüft, sind sämtliche Elemente aus $\langle f \rangle \langle g \rangle$ in $\langle h_2 j_2 \rangle$ enthalten. Umgekehrt gibt es zu jedem $e \in \langle h_2 j_2 \rangle$ ein Element aus $\langle f \rangle \langle g \rangle$, also ist $\langle f \rangle \langle g \rangle = \langle h_2 j_2 \rangle$. Nun ist $\gamma_2(fg) = \gamma_2(\gamma_2(f)\, \gamma_1(g))\, \gamma_2(g) \in \langle f \rangle \langle g \rangle$ und somit $\langle fg \rangle = \langle f \rangle \langle g \rangle$.

$C^{\cdot}_1$ enthält genau alle die Elemente von $C^{\cdot}$, die zu Einheiten mod R_1 äquivalent sind: Bei $fR_1 e$ mit $e \in C^{\cdot}_0$ ist auch $\alpha(f)\, R_1 e$ und $\beta(f)\, R_1 e$, so daß gilt:

$$\bigwedge_e (e \in C^{\cdot}_0 \wedge fR_1 e \Longleftrightarrow fR_1 \alpha(f))$$

und

$$\bigwedge_e (e \in C^{\cdot}_0 \wedge fR_1 e \Longleftrightarrow fR_1 \beta(f)) .$$

Aus $fR_1\beta(f)$, also $\langle f \rangle = \langle \beta(f) \rangle = (C_{1\varkappa})^{\cdot}_0$, und $f \in C_1 \langle f \rangle$ folgt $f \in C_1 (C_{1\varkappa})^{\cdot}_0$, also $f \in C_1$. Umgekehrt gilt bei $f \in C_1$, daß $\langle f \rangle = \langle \beta(f) \rangle$ und damit $fR_1(f)$ ist. — Es ist $C/R_1 = \{C_1 \langle f \rangle \mid f \in C\}$: Bei $f' \in C_1 \langle f \rangle$ gibt es ein $h_1 \in C_1$ und ein $j_2 \in \langle f \rangle$ mit $f' = h_1 j_2$, also ist $\gamma_2(f') = \gamma_2(h_1 j_2) = j_2$ und somit $\langle f' \rangle = \langle f \rangle$, d. h. $f' R_1 f$. Umgekehrt ist bei $f' R_1 f$, also $\langle f' \rangle = \langle f \rangle$, auch $f' \in C_1 \langle f \rangle$.

Die Kongruenzrelation $R^{\cdot}_1$ ist strukturerhaltend: Eine leichte Rechnung ergibt, daß bei $(C_1 \langle f \rangle, C_1 \langle g \rangle) \in C^{\cdot}_1 / R^{\cdot}_1 * C^{\cdot}_1 / R^{\cdot}_1$ ($C^{\cdot}_1 / R^{\cdot}_1$ bezeichnet den durch die Kongruenzrelation $R^{\cdot}_1$ von $C^{\cdot}_1$ bestimmten multiplikativen Graphen, dessen definierende Operationen mit $\bar{\alpha}, \bar{\beta}$ und $\bar{\varphi}$ angegeben seien) $\bar{\varphi}(C_1 \langle f \rangle, C_1 \langle g \rangle) = C_1 \langle fg \rangle$ ist. Demnach ist das Assoziativgesetz in $C^{\cdot}_1 / R^{\cdot}_1$ erfüllt, da es in $C^{\cdot}$ gilt. Bei $\bar{\beta}(C_1 \langle f \rangle) = \bar{\alpha}(C_1 \langle g \rangle)$ ist $C_1 \langle \beta(f) \rangle = C_1 \langle \alpha(g) \rangle$, d. h. $\langle \beta(f) \rangle = \langle \alpha(g) \rangle = (C_{1\varkappa})^{\cdot}_0$ mit einem $\varkappa \in \Sigma$. Demnach gibt es eine Folge $e_0 = \alpha(g), e_1, \ldots, e_{r-1}, e_r = \beta(f)$ von Einheiten in $(C_{1\varkappa})^{\cdot}_0$, so daß jedesmal ein Verbindungselement von e_l nach e_{l+1} bzw. von e_{l+1} nach e_l existiert ($l = 0, 1, \ldots, r-1$). Auf Grund der Forderungen 1 und 2 existiert dann ein $j_2 \in \langle g \rangle$ mit $\alpha(j_2) = \beta(f)$ und ein $h_2 \in \langle f \rangle$ mit $\beta(h_2) = \alpha(g)$, d. h. es ist $(C_1 \langle f \rangle, C_1 \langle g \rangle) \in C^{\cdot}_1 / R^{\cdot}_1 * C^{\cdot}_1 / R^{\cdot}_1$. Demnach ist $C^{\cdot}_1 / R^{\cdot}_1$ eine Kategorie.

Bemerkung 9: Die in Satz 21 eingeführten Kategorien $C^{\cdot}_1 / R^{\cdot}_1$ und $C^{\cdot}_2 / R^{\cdot}_2$ werden auch bzw. die Faktorkategorien von $C^{\cdot}$ nach $C^{\cdot}_1$ und von $C^{\cdot}$ nach $C^{\cdot}_2$ genannt und bzw. mit $C^{\cdot}/C^{\cdot}_1$ und $C^{\cdot}/C^{\cdot}_2$ bezeichnet.

Satz 22: *Es seien $C^{\cdot}_1$ und $C^{\cdot}_2$ Gruppoide, und es existiere das allgemeine Produkt $C^{\cdot}$ von $C^{\cdot}_1$ und $C^{\cdot}_2$. Dann gelten für jedes $f_1^* \in C_1^*$ und jedes $f_2^* \in C_2^*$ mit $(f_2^*, f_1^*) \in C^{\cdot} * C^{\cdot}$ die folgenden Beziehungen:*

$$\{(f_1^2 f_2)^*\} = C_1^* f_2^* f_1^* \cap C_2^* ,$$
$$\{(f_2^1 f_1)^*\} = f_2^* f_1^* C_2^* \cap C_1^* .$$

Beweis: Für jedes $f_1^* \in C_1^*$ und jedes $f_2^* \in C_2^*$ mit $(f_2^*, f_1^*) \in C^{\cdot} * C^{\cdot}$ ist $C_1^* f_2^* f_1^* = \{(g_1 \cdot f_2^1 f_1, f_1^2 f_2) \in C \mid g_1 \in C_1 \alpha_1(f_2^1 f_1)\}$. Somit enthält der Komplex $C_1^* f_2^* f_1^* \cap C_2^*$ genau das eine Element $(e_1(f_1^2 f_2), f_1^2 f_2) = (f_1^2 f_2)^*$, das sich für

$g_1 = (f_2^1 f_1)^{-1}$ ergibt. Entsprechend beweist man die zweite Behauptung des Satzes.

Satz 23: *Es sei* $C^{\cdot} = C^{\cdot}_1 \circ C^{\cdot}_2$ *eine Kategorie. Dann lassen sich* $C^{\cdot}$ *neben den Kategorien* $\Pi^{\cdot}_{12}$ *und* $\Pi^{\cdot}_{21}$ *(s. Satz* 10) *zwei weitere Kategorien* $\overline{\Pi}^{\cdot}_{12}$ *und* $\overline{\Pi}^{\cdot}_{21}$ *zuordnen. Dabei ist* $\overline{\Pi}_{12} = \{\bar{f}_1^2 | f_1 \in C_1\}$ *und* $\overline{\Pi}_{21} = \{\bar{f}_2^1 | f_2 \in C_2\}$, $\overline{\alpha_{12}}(\bar{f}_1^2) = \overline{(\beta_1(f_1))^2}$, $\overline{\beta_{12}}(\bar{f}_1^2) = \overline{(\alpha_1(f_1))^2}$, $\overline{\alpha_{21}}(\bar{f}_2^1) = \overline{(\alpha_2(f_2))^1}$, $\overline{\beta_{21}}(\bar{f}_2^1) = \overline{(\beta_2(f_2))^1}$. *Weiter ist* $(\bar{f}_1^2, \bar{g}_1^2) \in \overline{\Pi}^{\cdot}_{12} * \overline{\Pi}^{\cdot}_{12}$ *genau dann, wenn* $(g_1, f_1) \in C^{\cdot}_1 * C^{\cdot}_1$ *ist, und* $(\bar{f}_2^1, \bar{g}_2^1) \in \overline{\Pi}^{\cdot}_{21} * \overline{\Pi}^{\cdot}_{21}$ *genau dann, wenn* $(f_2, g_2) \in C^{\cdot}_2 * C^{\cdot}_2$ *ist, und es ist dann* $\bar{f}_1^2 \bar{g}_1^2 = \overline{(g_1 f_1)^2}$ *und* $\bar{f}_2^1 \bar{g}_2^1 = \overline{(f_2 g_2)^1}$.

Durch $\overline{F}_{12}(f_1) = \bar{f}_1^2$ *und* $\overline{F}_{21}(f_2) = \bar{f}_2^1$ *sind bzw. Abbildungen* $\overline{F}_{12}$ *von* C_1 *in* Π_{12} *und* $\overline{F}_{21}$ *von* C_2 *in* Π_{21} *erklärt;* $\overline{F}_{12}$ *definiert einen Funktor* $\overline{F}^{\cdot}_{12}$ *von* $C^{\cdot}_1$ *nach* $\overline{\Pi}^{\cdot\,op}_{12}$ *und* $\overline{F}_{21}$ *einen Funktor* $\overline{F}^{\cdot}_{21}$ *von* $C^{\cdot}_2$ *nach* $\overline{\Pi}^{\cdot}_{21}$.

Sind $C^{\cdot}_1$ *und* $C^{\cdot}_2$ *Gruppoide, so sind auch* $\Pi^{\cdot}_{12}, \Pi^{\cdot}_{21}, \overline{\Pi}^{\cdot}_{12}$ *und* $\overline{\Pi}^{\cdot}_{21}$ *Gruppoide.*

Der Beweis wird entsprechend wie der von Satz 10 geführt.

Bemerkung 10: Sind N_1, $\overline{N}_1$, N_2 und $\overline{N}_2$ bzw. die Kerne der Funktoren $F^{\cdot}_{12}$, $\overline{F}^{\cdot}_{12}$, $F^{\cdot}_{21}$ und $\overline{F}^{\cdot}_{21}$ und $N^{\cdot}_1$, $\overline{N}^{\cdot}_1$ und $N^{\cdot}_2$, $\overline{N}^{\cdot}_2$ die durch diese definierten Unterkategorien von bzw. $C^{\cdot}_1$ und $C^{\cdot}_2$, so gelten ersichtlich die Beziehungen $C^{\cdot}_1/N^{\cdot}_1 \cong \Pi^{\cdot}_{12}$, $C^{\cdot}_1/\overline{N}^{\cdot}_1 \cong \overline{\Pi}^{\cdot\,op}_{12}$, $C^{\cdot}_2/N^{\cdot}_2 \cong \Pi^{\cdot\,op}_{21}$, $C^{\cdot}_2/\overline{N}^{\cdot}_2 \cong \overline{\Pi}^{\cdot}_{21}$.

Definition 4: Es sei $C^{\cdot} = C^{\cdot}_1 C^{\cdot}_2$ eine Kategorie. Eine Teilkategorie $D^{\cdot} = D^{\cdot}_1 D^{\cdot}_2$ von $C^{\cdot}$ mit $D_1 = D \cap C_1$ und $D_2 = D \cap C_2$ heißt ein *Unterprodukt* von $C^{\cdot}$.

Satz 24: *Es seien* $C^{\cdot}_1$ *und* $C^{\cdot}_2$ *Gruppoide, und es existiere das allgemeine Produkt* $C^{\cdot}$ *von* $C^{\cdot}_1$ *und* $C^{\cdot}_2$. *Dann genügen die Gruppoide* $\Pi^{\cdot}_{12}$ *und* $\Pi^{\cdot\,op}_{21}$ *den Forderungen von Satz* 19 *und* 20, *d. h., es existiert das allgemeine Produkt* $\Pi^{\cdot}$ *von* $\Pi^{\cdot}_{12}$ *und* $\Pi^{\cdot\,op}_{21}$.

Durch die Abbildung F *von* C *in* Π *mit* $F(f_1, f_2) = (f_1^2, f_2^1)$ *für jedes* $(f_1, f_2) \in C$ *ist ein surjektiver Funktor* $F^{\cdot}$ *von* $C^{\cdot}$ *nach* $\Pi^{\cdot}$ *bestimmt. Das durch den Kern* N *von* $F^{\cdot}$ *definierte Untergruppoid* $N^{\cdot}$ *von* $C^{\cdot}$ *ist das Unterprodukt* $N^{\cdot}_1 N^{\cdot}_2$ *von* $C^{\cdot}$ *(s. Bemerkung* 10), *und es gelten die folgenden Beziehungen:* $F^{\cdot} = F^{\cdot}_{12} F^{\cdot}_{21}$ *und* $C^{\cdot}/N^{\cdot} \cong C^{\cdot}_1/N^{\cdot}_1\, C^{\cdot}_2/N^{\cdot}_2$.

Beweis: Jedem $f_1^2 \in \Pi_{12}$ läßt sich eine Abbildung $(f_1^2)^{21}$ von $\Pi_{21}(e'_2(f_1))^1$ in $\Pi_{21}\,(e_2(f_1))^1$ mit $(f_1^2)^{21} f_2^1 = (f_1^2 f_2)^1$ für jedes $f_2^1 \in \Pi_{21}$ mit $f_2 \in D(f_1^2)$ zuordnen und jedem $f_2^1 \in \Pi_{21}$ eine Abbildung $(f_2^1)^{12}$ von $(e'_1(f_2))^2\, \Pi_{12}$ in $(e_1(f_2))^2\, \Pi_{12}$ mit $(f_2^1)^{12} f_1^2 = (f_2^1 f_1)^2$ für jedes $f_1^2 \in \Pi_{12}$ mit $f_1 \in D(f_2^1)$. Die Abbildungen $(\overline{f_1^2})^{21}$ $(f_1^2 \in \Pi_{12})$ und $(\overline{f_2^1})^{12}$ $(f_2^1 \in \Pi_{21})$ berechnen sich gemäß Bemerkung 6 aus den Abbildungen $(f_1^2)^{21}$ und $(f_2^1)^{12}$. Eine leichte Rechnung erweist, daß diese Abbildungen und die durch sie festgelegten Einheiten den Bedingungen von Satz 19 und 20 genügen.

Die Abbildung F von C in Π ist ersichtlich surjektiv. Für jedes $(e_1, e_2) \in C^{\cdot}_0$ ist $F(e_1, e_2) = (e^2_1, e^1_2) \in \Pi^{\cdot}_0$. Bei $((f_1, f_2), (g_1, g_2)) \in C^{\cdot} * C^{\cdot}$ ist

$$\begin{aligned} F((f_1, f_2)(g_1, g_2)) &= F(f_1 \cdot f^1_2 g_1, g^2_1 f_2 \cdot g_2) = ((f_1 \cdot f^1_2 g_1)^2, (g^2_1 f_2 \cdot g_2)^1) \\ &= (f^2_1 \cdot (f^1_2 g_1)^2, (g^2_1 f_2)^1 \cdot g^1_2) = (f^2_1 \cdot (f^1_2)^{12} g^2_1, (g^2_1)^{21} f^1_2 \cdot g^1_2) \\ &= (f^2_1, f^1_2)(g^2_1, g^1_2) = F(f_1, f_2) F(g_1, g_2). \end{aligned}$$

Für jedes $(f_1, f_2) \in C$ ist

$$\begin{aligned} F((f_1, f_2)^{-1}) &= F((f_2^{-1})^1 f_1^{-1}, (f_1^{-1})^2 f_2^{-1}) \\ &= (((f_2^{-1}) f_1^{-1})^2, ((f_1^{-1})^2 f_2^{-1})^1) \\ &= (((f_2^{-1})^1)^{12} (f_1^{-1})^2, ((f_1^{-1})^2)^{21} (f_2^{-1})^1) \\ &= (((f^1_2)^{-1})^{12} (f^2_1)^{-1}, ((f^2_1)^{-1})^{21} (f^1_2)^{-1}) \\ &= (f^2_1, f^1_2)^{-1} = (F(f_1, f_2))^{-1}. \end{aligned}$$

Als Kern von $F^{\cdot}$ definiert die Klasse $N = \{(f_1, f_2) \in C \mid f^2_1 g_2 = g_2$ für jedes $g_2 \in D(f^2_1), f^1_2 g_1 = g_1$ für jedes $g_1 \in D(f^1_2)\}$ ein Untergruppoid $N^{\cdot}$ von $C^{\cdot}$. Offensichtlich ist $N^{\cdot} = N^{\cdot}_1 N^{\cdot}_2$, und es gilt $N_1 = N \cap C_1$ und $N_2 = N \cap C_2$. Nach Satz 6 ist $F^{\cdot} = F^{\cdot}_{12} F^{\cdot}_{21}$; denn $F^{\cdot}$ ist ein Funktor von $C^{\cdot}_1 C^{\cdot}_2$ nach $\Pi^{\cdot}_{12} \Pi^{\cdot\,\mathrm{op}}_{21}$, und die Beschränkung von $F^{\cdot}$ auf $C^{\cdot}_1$ ist $F^{\cdot}_{12}$, die Beschränkung von $F^{\cdot}$ auf $C^{\cdot}_2$ ist $F^{\cdot}_{21}$. Weiter ist $C^{\cdot}/N^{\cdot} \cong \Pi^{\cdot} = \Pi^{\cdot}_{12} \cdot \Pi^{\cdot\,\mathrm{op}}_{21}$, und nach Bemerkung 10 ist $\Pi^{\cdot}_{21} \cong C^{\cdot}_1/N^{\cdot}_1$ und $\Pi^{\cdot\,\mathrm{op}}_{21} \cong C^{\cdot}_2/N^{\cdot}_2$.

Wir wollen zum Abschluß noch auf die Frage der Existenz faktorisierbarer Kategorien eingehen. Dazu benötigen wir den Begriff der Gattung von Strukturen auf einer Kategorie und der dieser zugeordneten Kategorie von Hypermorphismen [3, 4], die in der Theorie der Strukturen von EHRESMANN eine grundlegende Rolle spielen.

Eine Kategorie $C^{\cdot}$ heißt eine Kategorie von Operatoren auf einer Klasse Σ_0, wenn eine Abbildung λ von einer Teilklasse Σ von $\Sigma_0 \times C$ in Σ_0 gegeben ist, die den folgenden Axiomen genügt, wenn wir bei $(s, f) \in \Sigma$ $\lambda(s, f) = sf$ setzen:

1. Wenn $(sf)g$ oder $s(fg)$ definiert ist, so sind beide Elemente definiert, und es ist $(sf)g = s(fg)$.
2. Wenn fg und sf definiert sind, so ist $(sf)g$ definiert.
3. Ist se für ein $e \in C^{\cdot}_0$ definiert, so ist $se = s$.
4. Für jedes $s \in \Sigma_0$ existiert mindestens ein $f \in C$, so daß sf definiert ist. Für jedes $f \in C$ existiert mindestens ein $s \in \Sigma_0$, so daß sf definiert ist.

Aus den Axiomen folgt, daß zu jedem $s \in \Sigma_0$ genau ein $e \in C^{\cdot}_0$ existiert, für das se definiert ist. Durch $p_0(s) = e$ ist eine Abbildung p_0 von Σ_0 in $C^{\cdot}_0$ definiert, und s heißt eine Struktur auf $p_0(s)$. Ist $C^{\cdot}$ eine Kategorie von Operatoren auf Σ_0 und p_0 die zugehörige kanonische Abbildung von Σ_0 auf $C^{\cdot}_0$, so nennt man das Tripel $[\Sigma_0, p_0, C^{\cdot}]$ eine Gattung von Strukturen auf $C^{\cdot}$.

Ist $[\Sigma_0, p_0, C^{\cdot}]$ eine Gattung von Strukturen auf $C^{\cdot}$, dann ist $\Sigma = \{(s,f) \in \Sigma_0 \times C | p_0(s) = \alpha(f)\}$ die Trägerklasse einer Kategorie $\Sigma^{\cdot}$, wobei die $\Sigma^{\cdot}$ definierenden Operationen A, B und Φ wie folgt festgesetzt sind: Für jedes $(s,f) \in \Sigma$ ist $A(s,f) = (s, \alpha(f))$ und $B(s,f) = (sf, \beta(f))$. Genau dann ist $\Phi((s,f), (s', g))$ definiert, wenn $B(s,f) = A(s', g)$ ist, und es ist dann $(s,f)\,(sf, g) = (s, fg)$. $\Sigma^{\cdot}$ heißt die $[\Sigma_0, p_0, C^{\cdot}]$ zugeordnete Kategorie von Hypermorphismen.

Satz 25: *Sei $C^{\cdot} = C_1^{\cdot} \circ C_2^{\cdot}$ eine Kategorie und (γ_1, γ_2) und (γ_1^*, γ_2^*) die zugehörigen Paare faktorisierender Abbildungen von $C^{\cdot}$ mit $\gamma_1(C) = \gamma_2^*(C) = C_1$ und $\gamma_2(C) = \gamma_1^*(C) = C_2$. $[\Sigma_0, p_0, C^{\cdot}]$ sei eine Gattung von Strukturen auf $C^{\cdot}$. Dann ist die $[\Sigma_0, p_0, C^{\cdot}]$ zugeordnete Kategorie von Hypermorphismen $\Sigma^{\cdot}$ das allgemeine Produkt zweier Unterkategorien $\Sigma_1^{\cdot}$ und $\Sigma_2^{\cdot}$ im strengen Sinn, wo $\Sigma_1 = \Sigma \cap \Sigma_0 \times C_1$ und $\Sigma_2 = \Sigma \cap \Sigma_0 \times C_2$ ist.*

Beweis: Für jedes $(s,f) \in \Sigma$ setzen wir $\Gamma_1(s,f) = (s, \gamma_1(f))$ und $\Gamma_2(s,f) = (s\gamma_1(f), \gamma_2(f))$, $\Gamma_1^*(s,f) = (s, \gamma_1^*(f))$ und $\Gamma_2^*(s,f) = (s\gamma_1^*(f), \gamma_2^*(f))$. Wie man sich leicht überzeugt, sind dadurch vier Abbildungen von Σ in Σ erklärt. Wir zeigen, daß (Γ_1, Γ_2) ein Paar faktorisierender Abbildungen von $C^{\cdot}$ ist. Zu F I: Für jedes $(s,f) \in \Sigma$ gilt:

$$(s,f) = (s, \gamma_1(f)\,\gamma_2(f)) = (s, \gamma_1(f))\,(s\gamma_1(f), \gamma_2(f)) = \Gamma_1(s,f)\,\Gamma_2(s,f)\,.$$

Zu F II: Für jedes $(s, e) \in \Sigma_0^{\cdot}$ gilt wegen $\gamma_1(e) = \gamma_2(e) = e$:

$$\Gamma_1(s, e) = (s, \gamma_1(e)) = (s\gamma_1(e), \gamma_2(e)) = \Gamma_2(s, e) \in \Sigma_0^{\cdot}\,.$$

Für jedes $(s,f) \in \Sigma$ gilt wegen $\gamma_1(\gamma_2(f)) = \gamma_2(\gamma_1(f)) \in C_0^{\cdot}$:

$$\begin{aligned}\Gamma_1(\Gamma_2(s,f)) &= \Gamma_1(s\gamma_1(f), \gamma_2(f)) = (s\gamma_1(f), \gamma_1(\gamma_2(f)))\\ &= (s\gamma_1(f), \gamma_2(\gamma_1(f))) = \Gamma_2(s, \gamma_1(f)) = \Gamma_2(\Gamma_1(s,f)) \in \Sigma_0^{\cdot}\,.\end{aligned}$$

Für jedes $((s,f), (sf, g)) \in \Sigma^{\cdot} * \Sigma^{\cdot}$ ist wegen

$$\gamma_1(fg) = \gamma_1(f)\,\gamma_1(\gamma_2(f)\,\gamma_1(g))$$

und

$$\begin{aligned}\gamma_2(fg) = \gamma_2(\gamma_2(f)\,\gamma_1(g))\,\gamma_2(g) &= \Gamma_1((s,f)\,(sf, g))\\ &= \Gamma_1(s, fg) = (s, \gamma_1(fg)) = (s, \gamma_1(f)\,\gamma_1(\gamma_2(f)\,\gamma_1(g)))\\ &= (s, \gamma_1(f))\,(s\gamma_1(f), \gamma_1(\gamma_2(f)\,\gamma_1(g)))\\ &= \Gamma_1(s,f)\,\Gamma_1(s\gamma_1(f), \gamma_2(f)\,\gamma_1(g))\\ &= \Gamma_1(s,f)\,\Gamma_1(\Gamma_2(s,f)\,\Gamma_1(sf, g))\end{aligned}$$

und

$$\begin{aligned}\Gamma_2((s,f)\cdot(sf,g)) &= \Gamma_2(s,fg) = (s\gamma_1(fg),\gamma_2(fg))\\ &= (s\gamma_1(f)\,\gamma_1(\gamma_2(f)\,\gamma_1(g)),\gamma_2(\gamma_2(f)\,\gamma_1(g))\,\gamma_2(g))\\ &= \big(s\gamma_1(f)\,\gamma_1(\gamma_2(f)\,\gamma_1(g)),\gamma_2(\gamma_2(f)\,\gamma_1(g))\big)\,(sf\gamma_1(g),\gamma_2(g))\\ &= \Gamma_2(s\gamma_1(f),\gamma_2(f)\,\gamma_1(g))\,\Gamma_2(sf,g)\\ &= \Gamma_2\big((s\gamma_1(f),\gamma_2(f))\,(sf,\gamma_1(g))\big)\,\Gamma_2(sf,g)\\ &= \Gamma_2(\Gamma_2(s,f)\,\Gamma_1(sf,g))\,\Gamma_2(sf,g)\,.\end{aligned}$$

Entsprechend beweist man, daß (Γ_1^*, Γ_2^*) ein Paar faktorisierender Abbildungen von $C^\cdot$ ist.

Bemerkung 11: Ist $C^\cdot$ speziell eine Gruppe $\Sigma_0 = C$ und λ die definierende binäre Operation von $C^\cdot$, dann ist die der Gattung $[C, p_0, C^\cdot]$ von Strukturen über $C^\cdot$ zugeordnete Kategorie $\Sigma^\cdot$ von Hypermorphismen ein Gruppoid. Nach Satz 25 ist $\Sigma^\cdot$ faktorisierbar, wenn $C^\cdot$ faktorisierbar ist. Jede faktorisierbare Gruppe definiert demnach ein faktorisierbares Gruppoid, und entsprechend definiert jedes faktorisierbare Monoid eine faktorisierbare Kategorie.

Bemerkung 12: Ist $C^\cdot$ eine Kategorie, so stimmt die der Gattung $[C, p_0, C^\cdot]$ von Strukturen über $C^\cdot$ zugeordnete Kategorie $\Sigma^\cdot$ von Hypermorphismen mit der von uns in anderem Zusammenhang die $C^\cdot$ linkszentralisierende Kategorie genannten Kategorie $C_l^\cdot$ überein [5]. Wie man ähnlich wie Satz 25 beweisen kann, ist mit $C^\cdot$ auch die $C^\cdot$ rechtszentralisierende Kategorie $C_r^\cdot$ faktorisierbar.

LITERATUR

[1] ALTMANN, E., Anwendung der Theorie der Faktorisierungen. Forschungsberichte des Landes Nordrhein-Westfalen Nr. 1902, Westdeutscher Verlag Köln-Opladen, 1968.

[2] EHRESMANN, C., Catégories et Structures. Dunod Paris 1965.

[3] EHRESMANN, C., Catégories structurées. Ann. de l'École Norm. Sup. **80, 1963.**

[4] HASSE, M. und L. MICHLER, Theorie der Kategorien. DVW Berlin **1966.**

[5] HASSE, M., Die eine Kategorie links- bzw. rechtszentralisierende Kategorie. Math. Nachr. **37, 1968.**

[6] HASSE, M., Normale Untergruppoide und normale Unterkategorien. Wiss. Zeitschr. TU Dresden **21, 1972.**

[7] KLAUA, D., Allgemeine Mengenlehre. Akademie-Verlag Berlin 1964.

[8] KUROSCH, A. G., Gruppentheorie II. Akademie-Verlag Berlin 1972.

[9] NEUMANN, B. H., Decomposition of groups. J. London Math. Soc. **10,** 1935.

[10] RÉDEI, L., Zur Theorie der faktorisierbaren Gruppen. Acta Math. Sci. Hung. **1, 1950.**

[11] RÉDEI, L. und J. SZEP, On factorisable groups. Acta Sci. Math. Szeged **13, 1959.**

WOLFGANG TUTSCHKE

Konstruktion von globalen Lösungen mit vorgeschriebenen Singularitäten bei partiellen komplexen Differentialgleichungssystemen

(Sitzungsberichte der Sächsischen Akademie der Wissenschaften zu Leipzig, Mathematisch-naturwissenschaftliche Klasse)

1972. 24 Seiten — 8° — 4,50 M
Bestell-Nr. 761 685 7 (2027/109/7)

Eine der grundlegenden Problemstellungen der klassischen Funktionentheorie besteht darin, meromorphe Funktionen mit vorgeschriebenen Hauptteilen zu konstruieren. Da bei meromorphen Funktionen mehrerer komplexer Variabler die Singularitäten nicht isoliert liegen, wurde im Fall der mehrdimensionalen Funktionentheorie diese Fragestellung durch Cousin folgendermaßen abgewandelt: Umgebungsweise sind meromorphe Funktionen vorgesehen, die sich jeweils im Durchschnitt zweier Umgebungen um holomorphe Funktionen unterscheiden. Gesucht wird dann global eine meromorphe Funktion mit denselben Singularitäten wie bei lokalen Vorgaben.
In der vorliegenden Arbeit wird die analoge Problemstellung für Lösungen partieller komplexer Differentialgleichungen für komplexwertige Funktionen von einer oder von mehreren komplexen Variablen behandelt. Die Differentialgleichungssysteme können auch von höherer als von erster Ordnung sein.

Bestellungen durch eine Buchhandlung erbeten

AKADEMIE-VERLAG
DDR-108 Berlin, Leipziger Str. 3—4

PAUL GÖRLICH

Betrachtungen über den Wissenschaftlichen Gerätebau

(Sitzungsberichte der Sächsischen Akademie der Wissenschaften zu Leipzig, Mathematisch-naturwissenschaftliche Klasse)

1973. 39 Seiten — 8° — 3,— M
Bestell-Nr. 761 893 2 (2027/110/4)

Der Wissenschaftliche Gerätebau (WGB), der sich laut Definition mit der Herstellung von Geräten, Apparaten und Hilfsmitteln zur Förderung der Arbeitsproduktivität in der Naturforschung und der industriellen Produktion befaßt, hat sich besonders in den letzten Jahren zu einer eigenständigen Disziplin entwickelt. Hier werden die wichtigsten Gebiete des WGB und deren Bedeutung für die Volkswirtschaft beleuchtet und die den WGB berührenden Fragen der Automatisierung und Datenverarbeitung behandelt. Einige Forschungsgebiete des WGB kommen zur Sprache, ebenso Fragen zur Konstruktion und Technologie sowie zur Ausbildung der für den WGB notwendigen wissenschaftlichen Kapazität.

Bestellungen durch eine Buchhandlung erbeten

AKADEMIE-VERLAG
DDR-108 Berlin, Leipziger Str. 3—4

SITZUNGSBERICHTE DER SÄCHSISCHEN AKADEMIE DER WISSENSCHAFTEN ZU LEIPZIG

MATHEMATISCH-NATURWISSENSCHAFTLICHE KLASSE

Band 107

Heft 1 Prof. Dr. Ott-Heinrich Keller, Die Homologiegruppen der Flächen 3. Ordnung 1965. 15 Seiten — 8° — M 2,30

Heft 2 Prof. Dr. Franz Runge, Grignard und die nach ihm benannte Synthese 1966. 17 Seiten — 3 Abbildungen — 8° — M 2,30

Heft 3 Prof. Dr. Karl Schmalfuss, Zur Kenntnis der Bodenbildung 1966. 13 Seiten — 4 Tabellen — 8° — M 1,40

Heft 4 Dr. Bodo Renschuch, Verallgemeinerungen des Bezoutschen Satzes 1966. 41 Seiten — 8° — M 4,50

Heft 5 Prof. Dr. med. Rolf Emmrich, Realität und Theorie des Alterns 1966. 20 Seiten — 9 Abbildungen — 8° — M 2,60

Heft 6 Prof. Dr. Wilhelm Maier, Nichteuklidische Volumina 1967. 20 Seiten — 16 Abbildungen — 8° — M 2,80

Heft 7 Dr. Lothar von Wolfersdorf, Zur Berechnung optimaler Strategien für Spiele über dem Einheitsquadrat mit an der Hauptdiagonalen unstetigen Auszahlungsfunktionen 1968. 53 Seiten — 8° — M 5,70

Band 108

Heft 1 Prof. Dr. Paul Görlich/Dipl.-Phys. Detlef Güldner/Dr. Hans-Joachim Pohl, „Elektronische Spektralmessung“ mit steuerbaren Photovervielfachern 1967. 12 Seiten — 9 Abbildungen — 1 Tabelle — 8° — M 2,10

Heft 2 Prof. Dr. Manfred Gersch, Neuroendokrinologie der Insekten 1968. 33 Seiten — 12 Abbildungen — 1 Kunstdrucktafel — 8° — M 4,—

Heft 3 Prof. Dr. Hasso Essbach, Die Bedeutung der Morphologie in der Heilkunde 1968. 16 Seiten — 1 Textabb. — 13 Abb. auf 8 Kunstdrucktaf., davon 11 vierfarbig — 8° — M 12,80

Heft 4 Prof. Dr. Ott-Heinrich Keller, Über eine Definition von S. Lefschetz in der topologischen Schnitttheorie 1969. 29 Seiten — 1 Abb. — 8° — M 4,20

Heft 5 Prof. Dr. Wolfgang Tutschke, Das Reziprozitätstheorem für eine Klasse pseudoholomorpher Funktionen mehrerer komplexer Variabler 1969. 19 Seiten — 8° — M 3,30

Heft 6 Prof. Dr. Wulter Brednow, Von Lavater zu Darwin 1969. 31 Seiten — 14 Abbildungen im Anhang — 8° — M 5,50

Heft 7 Prof. Dr. Franz Runge, Organische Disulfimide in Wissenschaft und Technik 1970. 24 Seiten — 2 Abbildungen — 8° — M 3,60

Band 109

Heft 1 Prof. Dr. Erich Rammler, Über die Theorie der Braunkohlenbrikettentstehung. 1970. 38 Seiten — 13 Abb., davon 2 auf 2 Tafeln — 8° — M 4,—

Heft 2 Prof. Dr. Wolfgang Tutschke, Stammfunktionen komplexwertiger Funktionen 1970. 20 Seiten — 8° — M 3,70

Heft 3 Dr. habil. Günther Eisenreich, Zur Syzygientheorie und Theorie des inversen Systems perfekter Ideale und Vektormodule in Polynomringen und Stellenringen 1970. 88 Seiten — 8° — M 10,80

Heft 4 Prof. Dr. med. Rolf Emmrich, Hochdruck und Hyperlipidämie (Hypercholesterinämie) als Risikofaktoren für die Entstehung der Arteriosklerosen 1971. 23 Seiten — 10 Abbildungen — 4 Tabellen — 8° — M 3,90

Heft 5 Prof. Dr. med. Hans Drischel, Biologische Rhythmen
1972. 57 Seiten — 31 Abbildungen — 1 Tabelle — 8° — M 6,60 *(vergriffen)*

Heft 6 Prof. Dr.-Ing. Dr. h. c. Kurt Schwabe, Konzentrierte Elektrolytlösungen — Thermodynamische und kinetische Eigenschaften
1972. 49 Seiten — 27 Abbildungen — 2 Tabellen — 8° — M 7,50

Heft 7 Prof. Dr. Wolfgang Tutschke, Konstruktion von globalen Lösungen mit vorgeschriebenen Singularitäten bei partiellen komplexen Differentialgleichungssystemen 1972. 24 Seiten — 8° — M 4,50

Band 110

Heft 1 Prof. Dr. Dr. h. c. Paul Görlich, Über die Laser und ihre Anwendung
1972. 24 Seiten — 8° — M 2,30 *(vergriffen)*

Heft 2 Prof. Dr. Hasso Essbach, Zum Problem der Tumoren im Kindesalter
1972. 24 Seiten — 11 Abbildungen auf 10 Kunstdrucktafeln — 8° — M 6,—

Heft 3 Prof. Dr. med. Walter Brednow, Zur Anthropologie des Schwindels
1973. 17 Seiten — 2 Abbildungen auf 2 Kunstdrucktafeln — 8° — M 2,50

Heft 4 Prof. Dr. h. c. Paul Görlich, Betrachtungen über den Wissenschaftlichen Gerätebau 1972. 39 Seiten — 8° — M 3,—

Heft 5 Prof. Dr. Erich Rammler, Einige Betrachtungen über Erdgas
1974. 43 Seiten — 8 Abbildungen — 3 Tabellen — 8° — M 4,50

Heft 6 Prof. Dr. Gustav E. R. Schulze, Zur Rolle des Einfachheitsprinzips im physikalischen Weltbild 1974. 23 Seiten — 4 Abbildungen — 8° — M 2,50

Heft 7 Prof. Dr. med. Rolf Emmrich, Zwischen Leben und Tod. Ärztliche Probleme der Thanatologie
1974. 22 Seiten — 2 Abbildungen — 4 Tabellen — 8° — M 3,50

Band 111

Heft 1 Prof. Dr. Wilhelm Maier, Vom Erbe Bernhard Riemanns *(In Vorbereitung)*

Heft 2 Prof. Dr. med. Hans Drischel, Organismus und geophysikalische Umwelt *(In Vorbereitung)*

Heft 3 Prof. Dr. Maria Hasse, Zum Begriff des allgemeinen Produkts von Kategorien *(Vorliegendes Heft)*

Heft 4 Prof. Dr.-Ing. Dr. h. c. Kurt Schwabe, Analytische Probleme des Umweltschutzes *(In Vorbereitung)*

Heft 5 Prof. Dr. Wolfgang Buchheim, Die kopernikanische Wende und das Problem der Gravitation *(In Vorbereitung)*

Einzel- oder Fortsetzungsbestellungen durch eine Buchhandlung erbeten

Sitzungsberichte bis Band 106
durch das Zentralantiquariat der Deutschen Demokratischen Republik, Leipzig,
ab Band 107 durch den Akademie-Verlag, Berlin, zum Teil noch lieferbar

AKADEMIE-VERLAG
DDR-108 Berlin, Leipziger Str. 3—4

FSC
www.fsc.org
MIX
Papier | Fördert
gute Waldnutzung
FSC® C083411

Zeitfracht Medien GmbH
Ferdinand-Jühlke-Straße 7
99095 Erfurt, Deutschland
produktsicherheit@kolibri360.de